KB090611

세실의
전설

세실의 전설

인간과 사자의 공존을 꿈꾸는 사람들

브렌트 스타펠캄프
남종영 옮김

A *Life* for *Lions*

사이언스 북스
SCIENCE BOOKS

이 책은 나의 인생에 관해, 그리고

사자 세실에 대한 사랑과 기억에 관해 처음으로 쓰는 이야기다.

세실의 죽음이 어떻게 시작되었으며

무엇을 남겼는지에 대한 글이다.

짐바브웨
황게 국립 공원

차례

세실, 2015년.

1장
최초의 사자

2015년 7월의 어느 아침, 세계가 깨어났다. 사람들은 신문과 텔레비전에서 한 번도 들어보지 못한 이름을 들었다. 사자 세실. 처음에는 속삭임이었지만 드높은 함성으로 커졌다. 세실은 누구나 아는 이름이 되었다.

그때까지만 해도 나는 짐바브웨의 황게 국립 공원에서 일하는 평범한 사자 연구원이었다. 그러나 세실의 마지막 사진을 찍고 세실의 목에 위성 위치 추적 장치(GPS)를 단 사람이 나라는 사실이 알려지면서 내 인생도 거대한 파도에 휩쓸렸다.

미국인 트로피 사냥꾼(trophy hunter, 박제를 만들거나 과시하기 위해 야

공원 경계 지역의 철길에 앉아 있는 암사자. 이 인근에서 사자 사냥꾼들이 판을 쳤다. 2015년.

생 동물을 사냥하는 사람)의 총에 스러진 세실의 죽음은 전 세계 시민들의 심금을 울렸다. 지금까지 이렇게 극적인 동물 이야기는 없었다. 그렇게 많은 언론이 황게 국립 공원으로, 내게로 찾아온 적도 없었다. 국립 공원 구역과 사냥 허가 구역의 경계를 가로지르는 철길 위에 서

서 인터뷰를 하던 나는 도대체 이 인터뷰를 몇 번째 하고 있는지 세다가 어느 순간 포기했다. 세실에 대한 나의 마지막 기억은 세계로 퍼져 나갔고, 지금 우리는 아프리카사자를 보전하기 위한 거대한 여론의 파도를 목도하고 있다.

사자 오줌을 뒤집어쓰다

내가 사자를 처음 본 건 열 살 때쯤이었다. 우리는 전형적인 도시 생활을 하는 가족이었지만, 야생에 나가 캠핑이나 낚시하는 시간 또한 좋아했다. 어느 주말 부모님은 우리 형제를 차에 싣고 수도 하라레(Harare)에서 한 시간 정도 떨어진 민간 야생 공원(private wildlife park, 아프리카에서는 광활한 사유지에 동물을 반야생 상태로 관리하는 공원이 많다.)에 갔다. 이 공원에는 유기 동물을 볼 수 있는 훌륭한 프로그램이 있었다. 발 하나가 잘린 표범, 목 주위가 얼룩덜룩한 수달과 가족을 잃은 야생 동물이 우리를 기다렸다.

우리는 큰 나무 아래 있는 정원에서 잼과 크림을 바른 스콘과 고급 차로 우아한 티파티를 즐기면서 투어가 시작되기를 기다렸다. 이윽고 먼지를 내뿜으며 낡은 토요타 트럭이 다가왔고 우리는 공원을 탐사했다. 코끼리와 물소와 눈을 마주쳤고 바위 위에서 햇볕을 쬐는 비단뱀과 도로 주변에 깔린 알갱이 사료를 먹는 검은 영양도 지켜보았다. 연못이 내려다보이는 큰 무화과나무 아래서 멋진 점심을 먹은 우리는 오래된 농장을 방문했다. 학교 갈 생각에 집에 가기 싫었던 나에게 좋은 핑계거리가 생겼다. 철창 우리 안에 사자 한 마리가 있었던 것이다.

지금은 그 사자의 이름도, 그 사자가 어떤 사연으로 그곳에 오게 되었는지도 기억나지 않는다. 그러나 철창에 몸을 비벼대고 있던 사자가 너무 순해 보였던 나머지 나는 귀 뒤로 다가가 사자를 쓰다듬어 보고 싶었다. 철창에 붙어 몸을 구부려 가까이 다가간 나는 사자와의 조우에 황홀해 하고 있었다. 그때 갑자기 사자가 꼬리를 곧추세우더니 뒤돌아보는 것이었다!

"비켜요!" 사파리 가이드가 소리쳤다. 내 몸은 얼어붙은 듯 반응하지 않았다. 사자는 열 살짜리 꼬마의 몸을 자기 영역으로 생각한 모양이었다. 무릎을 꿇고 있던 나는 피할 수 없었다. 뜨겁고 끈적끈적한 액체가 내 얼굴에 쏟아져 코와 귀 밑을 타고 흘러내리고 있었다.

아버지는 나를 자동차 뒷좌석에 던져 놓았다. 사자 오줌 냄새를 풀풀 풍기며 돌아오자 집에서 키우던 고양이가 그날 줄곧 나를 따라다니며 관심을 보였다. 당시에는 몰랐지만, 일생의 과업으로 연결된 사자와의 강력한 인연의 끈이 그때 시작된 것 같다.

사자와 가족이 되는 것

세월이 흘러 나는 열일곱 살이 되었다. 학교 선생님은 어느 날 어머니를 호출해 "브렌트는 직업을 일찍 갖는 게 좋겠어요."라고 말했다. 내가 공부에 적성이 없으니 학교를 떠나 하루라도 빨리 사회 생활을 시작하라는 이야기를 선생님은 그렇게 정중하게 했다.

나는 이른바 '야생 보호 센터'라고 불리는 사파리 파크에서 일자

황게 국립 공원 게임 드라이브(사파리) 관광객과 새끼 사자들, 2016년.

리를 얻었다. 다친 채 발견된 야생 동물을 수용한 보호 센터였지만, 실은 조그마한 체험형 동물원(petting zoo)이었다. 나에게 주어진 일은 사자 새끼들과 몇 시간씩 놀아 주는 것이었다. 얼마나 신난 일인가? 일자리를 잡았다고 어머니에게 말하자, 어머니는 카키색 제복을 다림질해 입히고는 자동차로 나를 새 직장에 태워다 주었다.

나는 사자를 동물원에 가둬 사육하는 행위에 찬성하지 않는다. 사자 보전과는 거의 관련이 없고 오락이나 여흥에 가깝다는 걸 알기 때문이다. 하지만 당시에는 나무 그늘 밑에서 새끼 사자 두 마리와 하루 종일 시간을 보내는 게 너무 즐거웠다. 사자의 사회성을 직접 체험한 것도, 사자가 인간과 친해질 수 있는 유일한 대형 고양잇과의 동물이라는 걸 알게 된 것도 그때였다. 나는 사자와 한 가족이 되었다.

사자의 가족은 여러 암컷과 새끼들 그리고 소수의 수컷으로 구성된 프라이드(pride)를 이룬다. 새끼들의 아비(들)는 다른 무리의 수컷이나 경쟁자들로부터 프라이드를 보호한다. 특히 대형 초식동물을 사냥한 뒤 새끼들을 먹일 때에는 고기를 빼앗기지 않도록 주변을 살핀다. 그러나 내가 돌본 새끼들은 완전한 야생 동물이 아니었다. 2년을 그곳에서 일했지만 야생 동물은 배우지 못했다. 나는 내 커리어를 넓히고 싶었다. 정말로 야생에서 사자를 보고 싶었다. 마침 황게 국립 공원 캠프 중에 우연찮게도 스와힐리 어로 '사자(lion)'를 의미하는 '심바' 로지(Simba Lodge)가 있었다. 나는 짐을 싸서 숲으로 들어갔다.

암사자 앞에서 자동차는 멈추네

황게 국립 공원에서 내가 얻은 직업은 야생에서 사자를 찾아내 관광객들에게 보여 주는 사파리 가이드였다. 그동안의 경험을 통해 사자에서 무슨 냄새가 나고 거친 혓바닥이 내 몸을 핥을 때 드는 이상한 느낌에 대해서 한참을 이야기할 수 있었지만, 그때까지 나는 한번도 '야생' 사자를 본 적이 없었다.

처음으로 외국인 관광객들을 이끌고 사파리 투어에 나갔다. 코끼리와 누, 얼룩말과 많은 새들을 보여 주고, 해질녘 공원에서 빠져나가려던 참이었다. 저 멀리 수풀 속에서 조그만 새끼들을 몰고 암사자 한 마리가 초지로 나오고 있었다. 숨이 멎는 것만 같았다. 나는 사자를 방해하지 않기 위해 랜드로버의 시동을 껐다. 암사자는 성큼성큼 다가와 우리가 탄 랜드로버를 지나치더니 도로 위로 올라서 저벅저벅 걸어갔다. 다시 시동을 걸려고 열쇠를 돌렸지만 랜드로버는 끼이끼이 소음만 내며 쿨럭거릴 뿐이었다. 아차! 캠프를 떠나기 전 시동이 안 걸리는 경우가 많다며 절대 시동을 끄지 말라고 했던 매니저의 말이 생각났다. 가장 중요한 순간 제일 중요한 원칙이 머리에서 사라진 것이다.

불쾌한 소음이 신경에 거슬렸는지 암사자는 고개를 돌려 노란 등 너머로 우리를 쳐다봤다. 그러더니 다시 성큼성큼 걸어가기 시작했다. 기회는 이때다! 나는 관광객들에게 나가 차를 밀어 달라고 했다.

다시 시동을 켜고 암사자를 따라가 보자고. 그러나 사자를 저만치 두고 밖으로 나가라는 말이 관광객들에게 제정신처럼 들릴 리 없었다. 하지만 그때만 해도 사자는 야생 사파리에서 가장 값진 존재였다. 매니저의 당부를 잊은 내 실수 때문에 사자를 놓칠 수도 없었다. 관광객들에게 손이 닳도록 사과를 하고 결국 차의 시동을 켰다. 우리는 천천히 황혼 속으로 멀어지는 암사자 가족의 뒤를 밟았다.

사실 황게 국립 공원은 사파리를 하기에 좋은 곳이 아니었다. 당시만 해도 트로피 사냥꾼들이 통제되지 않았고, 사냥꾼들은 공원 경계 구역에서 사자를 마구 잡아 댔다. 벨기에 정도의 면적인 황게 국립 공원에는 단 270마리의 사자만 남아 있었고, 연간 사냥 쿼터는 너무 많아서 황게 사자의 지속적인 생존 가능성이 의심받는 상황이었다. 1년에 약 30마리의 사자가 국립 공원 경계 구역 주변에서 사냥되었다. 불안한 사자의 운명은 사파리 산업에도 악영향을 끼칠 수밖에 없었다. 사파리 산업은 그나마 야생에서 얻은 소득으로 야생 동물 서식지를 관리할 수 있게 해 주는 제도였다. 당시만 해도 나는 아는 게 없었지만, 나중에는 결국 이런 상황을 바로잡는 중요한 일에 뛰어들게 된다.

황게 국립 공원에서 나는 즐겁게 일했다. 사자를 좋아하는 마음은 점점 커져 나를 사로잡았다. 다만 트로피 사냥꾼을 둘러싼 온갖 소란 때문에 황게의 프라이드를 직접 보고 공부할 기회는 적었다. 사자를 만나는 건 일주일에 한 번 정도였다. 그리고 나에게도 변화가 찾아왔다. 혈기왕성한 젊은이가 왕왕 그러듯이, 애인을 따라 영국으로 떠날 때만 해도 황게에서 몇 달 떨어져 있겠거니 생각했다. 7년 뒤 야생 관리 학위를 받은 나는 새로 사귄 여자친구(나중에 나의 아내가 되는 로리)와 함께 황게로 돌아오는 비행기를 타고 있었다.

사자 가족, 2015년.

사자 가족, 2015년.

2장
사자 학교

짐바브웨 야생 전문가들에게는 길고도 자랑스러운 야생 보전의 역사가 있다. 토를 달 사람도 있겠지만 1960년대와 1970년대 사냥감(game)을 관리하는 노하우만은 세계에서 최고였다. 사냥감이라는 뜻의 '게임'은 식민지 시대 사냥꾼의 시각이 짙게 밴 단어다. 우리가 '야생'이라고 부르는 대상도 1960년대 이후 많은 게 바뀌었다. 그리고 오늘날 짐바브웨는 토지와 자원의 소유권을 넘어서는 여러 이슈들이 관통하는 복잡한 공간이 되었다.

1999년 황게 국립 공원에서 황게 사자 연구 프로젝트가 시작된 것도 국립 공원 경계 밖의 사유지에서 무분별하게 이뤄지는 사자 사냥 때문이었다. 당시 사자 개체수는 성체만 270마리로 추정되었는데, 이 수치를 보면 사냥이 과도하게 이루어짐을 보여 주는 정황이 있었다. 구체적으로 새끼들의 성별을 살펴보면 수컷이 지나치게 많았다. 반면 건강하게 성체로 자라나는 사자는 아주 적었다. 또한 전체 사자 개체수는 조금씩 줄어들고 있었다. 이런 현상은 국립 공원 경계 근처에서 이뤄지는 사자 사냥과 관련이 있는 것처럼 보였지만, 체계적인 관리에 들어가기 위해서는 그 원인을 과학적으로 증명해야 했다. 영국 옥스퍼드 대학교 와일드크루(WildCRU, Wildlife Conservation Research Unit, 야생 보전 연구팀)가 황게 국립 공원에 와서 사자 목에 GPS 목걸이를 달기 시작한 이유다.

사자 추적자와 음양 이론

6년 동안 황게 사자 연구 프로젝트에 참가하면서 나는 매서운 눈과 예민한 신체 감각을 갖추게 되었다. 모든 일에 음양이 있듯이, 낮에는 야생 사자를 쫓아 GPS 목걸이를 교체하고 사자를 보전하는 흥미진진한 모험이었지만, 밤에는 아무도 없는 초원 한가운데 허술한 텐트에서 잠을 청해야 하는 고된 작업이기도 했다. 모험을 하는 대신 나는 권태로움과 약간의 고됨을 지불해야 했다. 만약 당신이 혹시라도 '동물의 흔적' 비슷한 말이라도 우리 같은 야생 연구자들에게 한다면, 우리 몸은 바로 튀어나갈 것처럼 반사적으로 움직인다.

사자는 야행성이고 위장을 잘해서 발견하기 매우 힘들다. 과학자들은 옛날에도 그랬듯 지금도 직접 사자를 찾아 개체수를 파악한다. 검증된 가장 오래된 방법이다. 랜드로버를 타고 운전사가 미리 정해진 경로를 따라 운전하면, 앞자리에 앉은 연구원은 눈을 땅바닥에 접착제처럼 대고 발자국이 있는지 살핀다. 사자 추적은 보통 해 뜰 녘에 한다. 왜냐하면 태양광의 입사각 때문에 도로에 찍힌 사자의 발자국이 이 시간에 가장 잘 보이기 때문이다.

뒷자리의 연구원은 이때 나오는 모든 데이터를 기록한다. 사자는 물론 다른 동물(사자의 사냥감이 될 수 있기 때문에 모든 종을 기록한다.)의 GPS 좌표, 차량의 이동 거리와 경로를 기록해 나중에 지도화할 수 있도록 한다. 어떤 탐사는 이동 거리가 70킬로미터에 이르는 장거리 여행이지만, 아무것도 보지 못하는 시속 40킬로미터의 지루한 여행으로 끝날 때도 있다. 일반인들은 오지의 야생을 탐험하는 값진 기회라고 생각하겠지만, 하루 종일 지루하게 차를 타고 다니면서도 바로 옆에 사자가 지나갔는지 모를 때도 많다.

재미있었던 일 하나가 기억난다. 로리와 나는 황게 국립 공원에서 조그만 이인용 텐트에서 캠핑을 하며 사자를 관찰하고 있었다. 매일 밤 텐트에서 밤을 보내고 아침에는 랜드로버를 몰고 발자국을 추적했다. 아프리카의 야생 상식을 잘 몰랐던 로리는 어느 날 밤 가죽 신발을 밖에 두고 잠을 자러 텐트에 기어들어왔다. 나는 굶주린 하이에

나가 밤중에 신발을 가져갈 수도 있으니 텐트 안에 두라고 했지만, 로리는 피곤했던 것 같다.

"괜찮을 거야."

로리는 내 말을 듣지 않고 들어와 쓰러졌고, 얼마 안 돼 잠에 빠져들었다.

새벽 두 시가 지났을까. 로리가 큰 소리를 치는 바람에 놀라 깨어났다. 로리가 앉아서 텐트 한구석을 주먹으로 치고 있었다. '두드득' 하고 흙을 헤치며 지나가는 무거운 발자국 소리가 나의 귀에 꽂혔다. 멍한 순간이 이어졌다.

"그게 뭐였어?"

"무슨 동물의 코 같은데. 개코원숭이 아니면……, 하이에나?"

개코원숭이라면 이렇게 어두운 새벽 시간에는 자고 있어야 했다. 그렇다고 하이에나라고 하기엔 발자국 소리가 너무 둔탁했다. 늦었지만 텐트를 열고 나가고 나서야 개코원숭이도 하이에나도 아니라는 생각이 들었다.

하이에나가 침입한 흔적이 있는지 살펴보는데, 저만치 어둠 속에서 수컷 새끼 사자 두 마리가 눈을 동그랗게 뜨고 나를 바라보고 있었다. 훨씬 더 큰 세 번째 사자가 텐트에서 불과 몇 미터도 떨어져 있지 않은 그곳에서 자리를 뜨고 있었다! 이날 우리가 사자식 예의에 대한 교훈을 새롭게 배웠음은 물론이다.

사자 마취 코스와 최대의 실수

사자 발자국을 쫓고 사자 코를 때리는 지루한 작업을 참을성 있게 수행한 끝에 나는 결국 동물 약품 사용 자격을 부여하는 코스에 등록할 수 있게 되었다. 내가 아는 한 짐바브웨는 나처럼 수의사가 아닌 사람에게도 야생 동물에 마취제를 쏴서 쓰러뜨릴 수 있도록 허가하는 유일한 나라다. 이러한 자격은 짐바브웨 남동부에서 열리는 열흘간의 집중 교육 과정을 이수하면 딸 수 있었다. 이 교육에서 나는 헬리콥터에서 총으로 다트(가늘고 짧은 화살) 쏘는 법을 배웠다. 코뿔소와 물소를 추적해 다트로 쓰러뜨리고 임팔라를 그물로 잡았다. 구두 시험과 필기 시험 두 번을 통과해야 마취제 소지 자격이 주어졌다. 설명하자면 코끼리를 쓰러뜨릴 수 있는 마취제는 일반적인 마취제보다 훨씬 더 위험하기 때문에 특별 자격이 필요한 것이다. 황게 사자를 연구하려면 나는 이 자격을 취득해야 했고, 2008년 과정에 들어가 좋은 성적을 거두고 있었다.

처음에는 모든 일이 정말 순조로웠다. 다른 사람들에게 알리지는 않았지만, 아내의 뱃속에는 아이가 자라고 있었다. 나의 얼굴은 밝고 활기차 있었고, 내딛는 발자국마다 봄을 재촉하는 것처럼 느껴졌다.

어느 날 아침, 처음으로 사자에게 다트를 쏠 기회가 생겼다. 그날 저녁 암사자 한 마리를 잡기로 한 것이다. 나무 밑에 죽은 얼룩말 한 마리가 사자들을 끌어모으고 있다고 했다. 나는 자신이 있었다. 황게

죽은 얼룩말의 사체가 사자들을 끌어모았다. 사자가 고개를 돌렸을 때 방아쇠를 당겨 마취제를 바른 다트를 명중시켜야 했다. 2008년.

에서 열 번도 넘게 이런 작업에 참여한 적이 있기 때문이다.

전문가와 학생들이 탄 8대의 차량이 나를 둘러싸고 지켜보고 있었지만, 신경 쓰이지 않았다. 방아쇠를 당겼다. 마취제를 묻힌 화살(다트)은 직선으로 암사자의 목표 부위에 꽂혔다. 예상대로 다트를 맞은 사자는 일어나 달리기 시작했다. 보통 마취제가 온몸에 퍼지려면 대략 20분 걸렸다. 우리는 암사자를 시야에서 놓치지 않고 기다렸다. 그런데 이게 웬일인가? 10분 정도 돌아다니던 암사자가 다시 서벅저벅 얼룩말 사체로 돌아오는 것 아닌가. 매우 이례적인 상황이었다. 이

쯤이면 마취제의 '마술'이 암사자를 사로잡아야 했다. 숨을 죽이고 망원경으로 바라보는데, 마취제가 제 기능을 못한 것 같았다. 사자는 생생했다! 나는 당황했다!

새 다트를 총에 장전했다. 바람에 흔들리는 나뭇가지처럼 손이 떨렸다. 얼룩말을 다 먹어치우고 떠나기 전까지만, 사자가 마취되기 바라는 마음뿐이었다. 이번엔 암사자의 어깨를 조준했다. 그러나 너무 초조했던 나머지 가장 중요한 규칙을 잊어버리고 말았다. 이 세계의 제일 법칙은 나를 바라보던 사자가 고개를 다른 쪽으로 돌리기 전까지 절대 방아쇠를 당겨서는 안 된다는 것이다. 사자의 반사신경은 매우 빨라서 화살이 오는 걸 보고 슬쩍 피하기도 하기 때문이다.

어쨌든 나는 너무 일찍 방아쇠를 당겼고 사자는 자신에게 날아오는 밝은 분홍빛 다트를 목격하고 말았다. 암사자를 향해 날아가는 다트 궤적과 사자가 슬쩍 몸을 숙이는 장면을 80개의 눈(그 암사자만 제외하고!)이 지켜봤다. 사자를 쑥 넘어간 다트는 죽은 얼룩말의 엉덩이에 꽂혔다. 얼룩말이 표적이었다면 완벽한 순간이었겠지만, 나는 지금도 내 뒤에서 수군거리던 사람들의 목소리가 잊히지 않는다.

우여곡절 끝에 나는 시험을 마치고 과정을 무사히 통과했다. 이제 세실과 제리코 등 황게 국립 공원의 사자를 제대로 쫓을 수 있게 되었다.

황게 국립 공원의 수사자, 2015년.

3장

최고의 크리스마스

2008년 크리스마스 이브였다. 9월에 아들 올리버가 태어난 뒤 처음 맞는 크리스마스였기 때문에 우리 가족은 꽤나 들떠 있었다. 우리는 돈을 아껴 오리고기를 사고 작은 아카시아나무를 꾸며 만든 크리스마스 트리. 나뭇가지에 줄을 달아 소원이 담긴 편지를 걸었다. 덫에 걸려 목 주위가 철사로 감긴 사자가 목격되었다고 전해들은 우리는 그 사자의 안녕을 비는 글도 적어서 크리스마스트리에 걸었다.

기회주의자의 덫

덫은 아주 간단한 장치다. 사냥꾼들은 철제 올가미를 야생 동물이 잘 다니는 길목 옆의 나무에 걸어 둔다. 야생 동물은 아무 의심도 없이 걸어가다가 갑자기 목이 조이는 것을 느끼고 놀라서 황급히 뛰어다니지만 덫은 더욱 목을 조이게 된다. 그렇게 동물은 목이 졸려 숨지게 되는 것이다. 동물은 아주 폭력적인 죽음을 맞는다. 인간에게는 야생 동물 고기를 얻는 아주 비효율적인 방식이기도 하다.

사자는 때때로 기회주의적인 청소동물이 되기도 한다. 하늘을 날아다니는 맹금류를 본 뒤, 그 새를 따라다니며 (새가 발견한) '공짜 식사'를 기다린다. 범죄자들이 몇 개의 덫을 쳐 놓은 곳에는 사체가 득시글대기 마련이다. 사자는 그 사체에 끌려들어왔다가 그만 올가미에 목에 걸리고 만다. 덫은 야생 사자에게 가장 큰 위협 중의 하나다.

사자 연구원들이 설치한 GPS 목걸이를 목에 건 사자도 예외는 아니다. 어떤 사자는 절박하게 올가미에서 빠져나가려다 보니, 목이 움푹 파이고 털이 다 뽑혀 사자 갈기 주변에 GPS 목걸이만 앙상하게 남은 채 발견된다. 한 번은 올가미에 걸린 사자에 GPS 목걸이가 달려 있다는 주민들의 증언이 잇따랐다. 그날 저녁 상황을 확인하기 위해 위성 신호를 보면서 사자를 찾아다녔다. 주변으로 다가가 숲에서 기다렸다. 해가 질 즈음 사자가 나타났다. 사자는 긴 철제 올가미를 모래바닥에 끌면서 먼지를 풍기며 돌아다니고 있었다.

우리는 최대한 빨리 국립 공원 캠프로 돌아가서 우리와 동반해 줄 레인저(국립 공원 관리 요원)를 찾았다. 사자를 올가미에서 빼내려면, 마취제가 달린 다트를 사자에게 쏘아야 했다. 그러려면 우리를 보호해 줄 무장 요원도 필요했다. 국립 공원 캠프 여러 곳을 돌아다녔지만 공휴일이어서 직원들은 어디론가 다 가 버렸고, 남아 있는 사람도 술에 취한 이들뿐이었다. 시간은 지체되고 있었다. 우리끼리라도 작업을 시작해야 했다. 내가 장비와 마취제를 챙기는 동안 로리는 다른 트럭에 올라 아기를 보조석에 태우고 시동을 걸었다. 나와 아내는 각자의 차량을 몰고 사자가 있는 현장으로 전속력으로 달렸다.

사자가 가까워지면서 GPS가 보내는 신호가 희미하게 감지되었다. 차창에는 후드득 비가 떨어지기 시작했다. 문제의 사자와 그 형제로 보이는 사자, 이렇게 두 마리가 도로 밖 저만치 떨어져 서 있었다. 도로 밖으로 나가야 했다. 12월에 황게 국립 공원은 우기의 절정을 통과한다. 여기저기 홍수가 나 있어서 오프로드를 운전하기에는 공포스러웠다. 그래도 차 안에는 무선 통신기가 있었다. 로리에게는 내가 부를 때까지 차를 도로 위에 세워 두고 기다리고 있으라고 말해 두었다. 사자를 쫓아 200미터쯤 들어갔을까. 우당탕. 미끄러져 진흙탕에 빠졌다. 사륜 구동이었는데도 말이다!

헤드라이트가 비추는 작은 빛의 세계에 사자 두 마리가 잠깐 나타났다. 어슬렁거리며 내 트럭을 지나 어둠 속으로 사라졌다. 후진 기어를 넣고 액셀을 밟았지만 사륜 구동차의 바퀴는 헛돌기만 했다. 전진 기어를 놓고 똑같이 해 봐도 꿈쩍도 안 했다. 아무 데도 못 갈 것만 같았다. 무선 통신기에선 탁탁 튀기는 소리 사이로 로리의 목소리가 들렸다.

"당신 괜찮아?"

사자가 어느 정도 떨어진 것을 확인한 나는 셔츠를 벗어던지고 헤드랜턴을 머리에 쓴 뒤 차 밖으로 나갔다. 사실 아프리카에서 차가 구덩이에 빠지는 일은 흔했다. 그때에는 잭(타이어 교환 등을 위해 쓰는 소형 기중기)으로 자동차를 들어 올린 뒤 나무토막이나 스페어 타이어를 구덩이에 넣고 차를 빼면 그만이었다. 그러나 이번에는 그런 방법이 통하지 않았다. 쉬지 않고 내리는 비 때문에 자꾸 잭이 진흙 속으로 잠겼기 때문이다. 삽을 가져오지 않았던 터라 나는 맨손으로 진흙 구덩이를 팔 수밖에 없었다. 작업 도중 쉬려고 잠깐 차 안으로 들어가면 라디오에서는 약간 짜증이 난 아내의 목소리가 들렸다.

"시간이 너무 오래 걸리는데… 점점 추워져."

다른 방법이 필요했다. 나는 아내에게 우리 차가 진흙 구덩이에 갇혔으니, 내가 지나온 길(오프로드)을 따라와서 우리 차를 견인해 달라고 말했다. 이내 '부르릉' 하고 아내의 차가 출발하는 소리가 라디오를 통해 들렸다. 하지만 2초도 안 되어 아내의 외침이 전해졌다.

"아, 나도 갇혀 버렸어!"

아내의 차 또한 진창에 빠졌고, 이제는 우리 둘 다 곤란한 상황에 빠져 버린 것이다.

구조 요청

시간은 이미 밤 11시가 지나 있었다. 아내의 옆에는 석달 된 아기 올리버도 있었다. 세 시간쯤 지났을 때, 아내가 라디오를 통해 소리쳤다.

"크리스마스 때까지 여기 갇혀 있어야 한다면, 올리버 데리고 떠나 버릴 거야!"

내 뼈와 살이 진흙에 파묻힌 것처럼 나는 지쳐 있었다. 신발 두 짝도 진흙탕과 씨름하는 사이 잃어버렸고, 진흙과 비와 눈물이 뒤범벅된 액체가 내 얼굴을 뒤덮고 있었다. 사자 따위는 신경쓰지 않고 로리에게 지금 거기로 가겠다고 말한 것이 자살 행위와 다름없다는 것을 당시에 알기나 했는지 지금은 기억나지 않는다. 비가 내리는 어둠 속에서 그녀가 할 수 있는 것도 없었다. 희미하게 깜박이는 내 헤드랜턴 불빛을 몇 시간 전 사자를 보았던 곳에서 보는 것 말고는 없었다.

천신만고 끝에 아내의 차에 도착했을 때, 차가 물웅덩이에 살짝 갇힌 게 아니라 차의 전면부가 닿을 정도로 호수 쪽으로 처박혀 있는 것을 발견했다. 물웅덩이가 아니라 호수였다! 차 안에 들어갈 정신도 없이 나는 차가운 호수에 뛰어들어갔다. 덜덜 떨면서 스페어 타이어를 뒤로 던져 넣고 잭으로 트럭을 들어 올렸다. 그러나 잭은 진흙 속으로 계속 가라앉고 스페어 타이어는 계속 물 위로 뜨고…… 정말로 나는 울부짖으면서 일했고, 그 말도 안 되는 작업을 새벽 1시가 되어서야 포기했다. 어쩔 수 없이 나는 트럭 안으로 들어가 아기처럼 웅크

황게 국립 공원의 암사자, 2014년.

리고 잠을 청했다. 해가 뜰 때까지 우리는 한마디도 없었다.

잠에서 깨어 밖으로 구조를 요청하러 나간 것은 크리스마스 아침이었다. 아내와 아들은 차에 남겨 두고 무선 통신기와 호신용 머셰티(칼의 일종)를 들고 공원 캠프가 있는 곳까지 10킬로미터를 걸어가기 시작했다. 사자가 주변에 있는지 GPS 장비를 통해 확인하면서 1킬로미터를 걸었을 즈음, 첫 번째 관광객이 나타났다. 한 여성이 운전하는 작은 세단이었는데, 나를 중심으로 크게 한 바퀴 원을 돌더니 그냥 가 버렸다! 큰 커브를 돌며 나타난 두 번째 차량은 시내에서 온 가족이 타고 있었는데, 나를 칠 것처럼 쌩 하고 지나쳤다. 그러다 급히 멈추더니 창문을 내리고 물었다.

"도움이 필요하세요?"

크리스마스 아침에 국립 공원에서 사자 대신 한 남자를 볼 거라고 그들이 생각이나 했겠는가? 그것도 짧은 반바지에 신발도 셔츠도 없이 진흙을 뒤집어쓴 채 칼을 들고 있는 사람을 말이다. 아내와 석 달 된 아기가 호수에 있다고 하는 내 말을 믿지 못하는 듯 보였다. 어쨌든 결말은 괜찮았다. 사자를 발견했고 이튿날 오리고기를 먹었으며 로리는 나를 떠나지 않았으니 말이다.

소나기가 그친 후 날아가는 새에 시선을 빼앗긴 사자를 포착했다. 2014년.

4장

수피와의 왈츠

햇빛이 아름답게 비치는 오후였다. 집에서 얼마 떨어지지 않은 초원에서 나는 달리기를 하고 있었다. 몇 달 뒤 런던 마라톤에 출전하기 위해 연습을 하던 중이었다. 런던 마라톤에 뛰면서 사자 보전 프로젝트를 위한 기금을 마련할 생각이었다. 야생 사자로 인한 소, 염소 같은 가축 피해를 막기 위해 국립 공원 주변 마을의 몇몇 주민들과 한 팀을 만들었는데, 그들의 이야기를 외국에 알려 지원을 받고 싶었다. 그래서 나는 규칙적으로 초원을 달렸고 그 이야기를 블로그에 써서 적잖은 독자를 거느렸다.

마라톤 중 만난 사자

나는 언덕에서 요란하게 달려 내려가고 있었다. 임팔라(뿔이 달린 솟과의 초식동물) 떼가 경고음을 내며 도로를 건너갔을 때만 해도 나는 대수로이 여기지 않았다. 셔츠를 입지 않은 맨 몸통에 꽉 끼는 반바지를 입은 남자의 모습이 누구에게든 위협이 되었을 것이기 때문이다. 언덕 아래에 도착해 달리기를 멈추고 숨을 골랐다. 손으로 무릎을 짚고 가슴에서 몰아쳐 올라오는 숨을 내뱉는데, 아뿔싸! 40미터도 떨어지지 않은 곳에서 젊은 수컷 사자 한 마리가 호박색 눈을 부릅뜨고 바라보고 있는 게 아닌가? 그렇잖아도 꽉 끼는 작은 반바지가 더욱 조였다.

임팔라 떼가 소리를 내며 우르르 지나간 게 이놈 때문이라는 사실을 깨닫자마자, 나 또한 도망쳐 올라갈 만한 키 큰 나무가 있는지 찾고 있었다. 뭐가 있을 리가 있나. 내가 할 수 있는 것이라고는 몸을 돌린 뒤 뒷걸음질 치면서 사자에게 말을 거는 것뿐이었다. 아주 조용한 목소리로, 그러나 사자가 혹시 공격 자세를 취하지 않을까 민감히 주시하면서 말을 걸었다. 여느 고양이와 마찬가지로 사자의 행동을 읽기는 쉽다. 불편한 감정을 느끼는 사자는 두 귀를 뒤로 젖히고 '쉬' 하는 소리를 낸다. 흥분할 때는 긴 꼬리를 좌우로 내리친다. 공격할 생각이 있을 땐 꼬리를 위아래로 찰싹 친다. 다행스럽게도 이 사자는 아무 신호도 보내지 않고 있었다.

"어, 괜찮아. 사자야."

천천히 뒷걸음을 치면서 말했다. 가만히 서 있던 사자가 한 걸음 앞으로 다가왔다.

"어, 괜찮아. 사자야." (이번에는 목소리가 좀 높아졌다.)

다시 한 발자국 뒤로 물러섰다. 그러자 사자가 한 걸음 성큼 다가섰다. 우리 둘은 이렇게 떨어져 '왈츠'를 추고 있었다.

안 되겠다 싶어 뒷걸음질을 멈추고 내 몸을 조금 크게 보이려고 애썼다. 사자가 가만히 앉았다. 이제 왼편에는 작지만 우거진 수풀이 있었다. 잘하면 몸을 감출 수도 있어 보였다. 게처럼 옆으로 걸어가 수풀에 도착! 몸을 숨긴 나는 사자가 딴청을 피우는 기회를 틈 타 집으로 죽어라고 달렸다.

젊은 수컷이 가축을 습격하는 이유

가족과 함께 다시 그 사자를 만난 곳으로 자동차를 몰고 갔다. 사자는 여전히 거기에 있었고, 기록용으로 몇 장의 사진을 찍었다. 그러나 사자의 앞날을 생각하자니, 잠깐 마음이 아렸다. 이렇게 젊은 수컷 사자가 혼자 다닌다는 것은 그가 이제 막 어미와 프라이드(사자의 무리)로부터 독립해 나와 자신의 영역을 찾고 있다는 이야기였다. 지금 막 독립을 할 나이였고, 이런 사자들은 대개 인간 거주지로 들어와 소떼를 습격하고는 자신도 위험에 빠진다.

프라이드에서 갓 나온 사자가 홀로 생존하기란 만만치 않다. 초원에는 자신을 죽일 수도 있는, 자기 영역을 굳건히 지키는 어른 수컷 사자들이 있다. 이들과 충돌을 피하면서 다니다 보면 다른 사자들이 없는 땅에 정착한다. 그러나 그런 곳에는 대개 사람들과 가축들이 살고 있다. 이런 상황은 으레 인간에게나 사자에게나 불행한 결말로 끝난다. 사자의 가축 습격은 사실 아프리카에서 사자 개체수가 가파르게 감소하는 원인 중 하나다.

몇 주 뒤, 사자 한 마리가 염소와 소들을 공격해 피해를 주고 다닌다는 주변 마을 주민들의 신고가 접수되었다. 소떼를 공격했다고? 그것은 대개 경험이 미숙한 젊은 사자가 벌이는 짓이었다. 지난번에 만난 사자가 떠올랐다. 우리는 그 사자를 잡아 목에 GPS 목걸이를 달기로 했다. 그의 이동 경로를 GPS로 실시간으로 받을 수 있다면 마을 주민들의 피해를 예방할 수 있으리라고 생각했다. 마을 사람들은 "사자 무서울 것 없다."라고 하기는 했지만, 사실 우리가 도와주기를 기다리고 있었다.

기회는 결국 찾아왔다. 아들 학교 가는 길에서 사자가 갓 지나간 흔적을 발견했다. 동네 정육점에서 썩은 고기 몇 통을 산 뒤, 장비를 챙겨 우리 팀과 함께 사자를 잡으러 출발했다. 한밤중이 되자 본격적인 작업을 시작했다. 썩은 고기 더미를 자동차에 끌고 다니면서 고기 냄새를 흩뿌렸다. 나무에 덫을 설치하고 시끄러운 스피커도 설치

우리 속의 소떼. 방목지에서 길을 잃은 가축은 사자의 손쉬운 표적이 된다. 2015년.

했다. 동물이 고통스러워하는 소리를 들으면 기회주의자인 사자는 기꺼이 달려온다. 나는 염소가 고통스럽게 우는 소리를 틀어 놓았다. 악몽처럼 울부짖는 소리가 축축한 밤공기 사이로 떨어지는 이슬비를 타고 전해졌다. 동료들에게는 조용히 앉아만 있으면 사자가 나타날 것이라고 말했다.

그러나 나의 낙천주의는 언제나 그랬듯 틀리고 말았다. 지옥 같은 소리와 썩은 살 냄새를 접한 지 한 시간이 지났지만 사자는 코빼기도 비치지 않았다. 차를 타고 사자를 찾아보기로 했다. 첫 번째 커브를 돌자 헤드라이트 불빛 속에서 사자가 나타났다! 그는 우리 자동차 왼편에서 덤불 속으로 들어가고 있었고, 나는 조수석에 기대어 서둘러 총을 겨눴다. 마취제가 든 첫 번째 화살이 휙 날아가 사자에게 퍽 하고 꽂혔고 사자는 덤불 속으로 사라졌다. 나는 스톱워치를 꺼내 시간을 쟀다. 마취제가 온몸에 퍼져 효과를 나타내는 데는 20분이 걸린다. 심장이 쿵쾅거렸다. 하지만 적어도 우리는 사자를 맞혔다, 아니 그렇게 생각했다!

이틀 같은 20분이 흐르고 우리는 트럭에서 뛰어내렸다. 동료인 로이는 보호용으로 권총을 챙겼다. 나는 머리를 땅에 박고 사자의 흔적을 더듬었다. 가는 비가 내렸기 때문에 흔적이 선명해 사자의 경로를 따라가긴 어렵지 않았다. 사자 발자국이 덤불 더미 밑을 향하자 우리는 무릎을 땅에 대고 사자처럼 기었다. 불빛이라고는 이마에 단 헤드랜턴밖에 없었다. 그때 우리 앞에서 무언가 다다닥 달리는 소리가 들렸다.

"쉿."

사자가 우리를 공격하려는 것인지, 도망가려는 것인지 상황 판단이 필요하다는 듯 로이가 조용히 하라고 속삭였다. 발굽 소리가 굉음처럼 커지자 우리는 거의 동시에 서로를 쳐다보았다. 그리고 똑같은 결론에 이르렀다.

"어둠 속에서 쫓고 있던 사자는 하나도 마취되지 않았어! 이 발굽 소리는 사자에게서 도망치는 당나귀 소리야!"

사자 가족의 한때, 2005년.

진정한 곤경

일단 동료들과 헤어진 나는 트럭을 몰고 다시 돌아왔다. 헤드라이트가 어둠의 장막을 걷어내자 미친 듯이 팔을 흔들며 마이클 잭슨의 '문워크' 춤을 추는 세 명의 동료가 나타났다. 사자를 발견했다는 이야기였다.

바로 앞에는 당나귀가 창자를 드러낸 채 죽어 있었다. 사체에서 피어오르는 연기가 차가운 밤공기 사이로 퍼졌다. 트럭이 가까이 다가오자 사자는 멀찍이 떨어졌다. 우리는 당나귀 뒷다리를 트럭 뒤에

묶어 놓고 달리기 시작했다. 사자는 저녁식사를 따라 빠른 속도로 쫓아왔고, 나는 트럭 짐칸에서 정확히 사자를 겨눠 맞혔다.

20분 뒤, 우리는 사자를 트럭 짐칸 위로 끌어올리고 있었다. 나는 GPS 목걸이를 사자 목에 단 뒤, 마취제 한 방을 더 주사하고 사자를 국립 공원 경계부까지 데려갔다. 사자를 떨어뜨려 놓으면 사자는 다시 같은 위치로 되돌아올 것이다. 하지만 적어도 우리는 GPS로 사자의 위치를 알 수 있게 되었고 다음부터는 사람들에게 알려 줄 수 있다. 사자 관리인인 템보에게 물었다.

"이 사자를 뭐라고 부르면 좋을까요?"

그가 답했다.

"수피(Shupi)요."

배가 터질 것처럼 우리는 킥킥대며 웃었다. 왜냐하면 '수피'는 짐바브웨 말로 '곤경(trouble)'이라는 뜻이기 때문이다. 나는 정말 곤경에 빠지고 말았다.

젊은 수사자, 2015년.

세실과 새끼 사자, 2015년.

깊은 잠에서 깨어난 세실, 2012년.

5장
세실, 코끼리 잔치를 열다

이번 장은 일종의 직업 소개다. 나는 영국 옥스퍼드 대학교 와일드크루의 연구원으로 10년 가까이 일하며 줄잡아 수천 시간 사자를 봤다. 특혜가 아니었다, 그냥 내 일이었다! 그리고 지금까지 살아 있으니, 나는 엄청 운이 좋은 사람이다.

사자 가족을 보통 '프라이드'라고 부른다. 프라이드란 수컷 우두머리를 중심으로 다수의 암컷과 새끼들로 구성된 하나의 무리다. 우리는 황게 국립 공원의 프라이드마다 사자 한두 마리에게 위치를 추적할 수 있는 목걸이를 걸어 두었다. 이 장치는 VHF 신호를 발신하는데, 우리는 집에서 이 신호를 잡아내는 원격 장치를 이용해 사자들의 위치를 알아낼 수 있다. 어떤 때는 1만 4600제곱킬로미터의 황게 국립 공원에서 사자들의 위치를 파악하는 데 몇 시간이 걸리기도 하지만, 결국 우리는 찾아내고야 만다. 어떤 사자가 어디에 있는지, 그리고 무얼 하는지, 몸 상태는 어떤지, 한 마리가 있는지 다섯 마리가 있는지 우리는 다 기록해 낸다.

독수리가 보내는 신호

1970년대 동아프리카에서 사자를 연구하던 한 과학자는 사자 얼굴 양쪽에 붙어 있는 수염에는 저마다 고유한 패턴이 있어 이것을 사진 찍어 개체를 식별할 수 있다고 봤다. 마치 사람의 지문처럼 말이다. 내가 하는 일 중 하나도 바로 사자 개체마다 사진을 찍어 누구인지 구별하고 기록하는 것이었다. 멋진 일 아닌가?

2012년 10월의 어느 날이 생각난다. 황게 국립 공원에는 야생 사파리 업체가 들어와 관광객을 데리고 다니는 지역이었다. 사자로 가득 찬 아주 매력적인 곳이다. 낮 기온이 섭씨 40도까지 이르는 건기의 절정, 그 지역의 링크와샤(Linkwasha)에 있던 내게 사파리 차량이 다가와 말을 건넸다.

"세실 프라이드가 코끼리 한 마리를 잡았어요. 저기 몇 킬로미터 밖에서요."

송곳니를 사용해 코끼리를 잡아먹는다. 2016년.

세실과 그의 가족들의 웅장한 자태가 머릿속에 스치자 심장이 쿵광쿵광 빨라졌다. 몇 가지 장비를 챙겨 토요타 랜드크루저에 뛰어올랐다. 내 옆에는 사자 보전 프로젝트의 기부자이자 오랫동안 사자 사진 작업을 함께 해 온 친구가 있었다. 세실은 차량이 자기 옆으로 다가와도 가장 느긋하게 인간을 대하는 사자 중 하나였다. 마치 세실이 우리에게 포즈를 취해 주는 것처럼 느껴질 정도였다.

우리는 스콧의 늪(Scott's pan)이라 불리는 작은 물웅덩이에 도착했다. 예상대로 커다란 코끼리 사체가 우리를 맞았지만, 사자는 어디 갔는지 보이지 않았다. 나무에는 독수리들이 득시글거렸다. 그러나 그 어느 독수리도 코끼리 사체로 뛰어들지 않았다. 분명히 주변 어딘가에 사자가 있다는 신호였다. 나는 차문을 열고 트럭 짐칸에 올라갔다. HF 안테나를 세운 뒤 수신기의 주파수를 세실의 것으로 맞추었다. 삐삐삐. 날카로운 비프음이 울렸고 나는 방향을 더듬으며 안테나를 움직였다.

사자들이 가까이 있는 게 분명했다. 늪지대 남쪽의 빽빽한 덤불에서 움직이고 있는 것 같았다. 우리는 차를 조금 더 움직여 가까이 갔다. 그러나 수풀은 여전히 사자 무리의 전체 모습을 숨긴 채, 실룩거리는 동그란 귀와 휙휙 쳐대는 검은 꼬리만 잠깐씩 보여 줄 따름이었다.

코끼리 사체로 다시 돌아가는 수밖에 없었다. 거기서 사자가 다시 나오기를 기다리기로 했다. 나는 여기 이 말을 꼭 덧붙이고 싶다. 아프리카의 태양 아래 쓰러진 죽은 코끼리에서는 역한 냄새가 난다. 그래서 우리는 조금이라도 냄새를 줄이기 위해 코끼리를 지나쳐 바람이 불어오는 쪽에 차를 댔다.

태양은 서쪽 지평선으로 아름답게 지고 있었다. 온도도 떨어지기 시작했다. 그때 경이로운 생명이 하나씩 늪의 그늘에서 빠져나오는 걸 우리는 목격했다. 죽은 코끼리를 향하는 사자들의 긴 줄! 처음에는 다 큰 암사자가, 그다음에는 또 한 마리가 뒤를 이었다. 사자의 대열은 22마리까지 이어졌다. 카메라의 초점을 어디에 맞출지 몰라 당황할 지경이었다. 늪의 그늘에서 가장 마지막으로 등장한 건 바로 세실이었다. 그는 자신의 무리에 대한 지배력을 이렇게 공표했으며, 그가 올린 깃발이 사자들 위에 위세롭게 나부꼈다. 사실 세실은 다른 영토에서 밀려나 이곳 공원 남쪽에 도착한 지 얼마 안 된 상태였다. 그러나 정착하기도 전에 이미 꽤 큰 프라이드를 만든 것이다.

14마리의 새끼와 젊은 사자들은 세실의 자손이었다. 사이사이에 7~8마리의 암사자들도 끼어 나왔다. 라이벌인 사자 연합과의 피비린내 나는 전투에서 패퇴한 몇 년 전까지만 해도 세실은 다른 수사자와 함께 북부 링크와샤를 지배해 왔다. 그러나 세실은 지금 혼자다. 그의 형제가 그 싸움에서 죽었기 때문이다.

세실과 코끼리 사체 그리고 그의 프라이드를 하나의 프레임에 담기 위해 나는 트럭의 방향을 돌렸다. 나는 그냥 자동적으로 사자 한 마리 한 마리의 사진을 찍고 있었다. 이렇게 무차별적으로 사진을 찍어놓고 나중에 사무실에 돌아가 느긋하게 사자 수염의 패턴을 살펴보면 되었다.

어린 암컷 새끼가 거칠게 장난을 거는 오빠 사자에게서 빠져나와 죽은 코끼리 사체 위로 올라갔다. 연신 카메라 셔터를 누르고 있는데 그 새끼가 갑자기 사라졌다. 동생이 갑자기 사라진 것을 본 오빠 사자는 멍한 표정을 지었다. 내 카메라는 마침 오빠 사자의 다리 사이로 코끼리를 조준하고 있었고, 코끼리 몸 사이로 여동생이 고개를 삐죽 내밀었다. 이렇게 사자들은 서로 함께 즐거운 시간을 보낸다. 생전 사자를 본 적이 없는 사람이 처음 봐도 사자들은 서로 친밀한 관계를 유지하고 있다는 것을 알게 될 것이다. 장난기 어린 행동은 프라이드

세실 가족이 코끼리로 만찬을 즐기고 있다. 2015년.

세실과 암사자. 애정의 표시로 머리를 마주댄다. 2015년.

내 사자들의 관계를 더 집중시켜 주며, 다른 프라이드와의 영역 싸움 등 필요한 때에 효과를 발휘한다.

백수의 낮잠

갑자기 암사자 한 마리가 일어서더니 세실한테로 다가갔다. 꼬리로 세실의 얼굴을 두드리다가 자신의 몸으로 세실을 비벼댔다. 앉아 있던 세실은 머리를 낮추어 이 암사자를 따뜻하게 맞이했다. 이건 분명 세실을 집적거리는 것이었다. '백수의 왕'은 일어나 암사자의 뒤를 따라갔고, 그녀가 다시 꼬리를 들어 올리자, 왕은 코를 대고 킁킁거리더니 고개를 곧추세웠다. 우리가 플레멘 행동(냄새를 맡고 묘한 표정을 짓는 동물의 성적 반응)이라고 부르는 것이었다. 세실은 암사자를 성적으로 시험한 것이었고, 몇몇 강한 자극에 반응한 뒤 그녀가 번식 가능하지 않다는 것을 깨달은 모양이었다.

세실은 다시 코끼리로 다가갔다. 죽은 코끼리를 중심으로 사냥감을 뜯어먹는 사자들로 둥근 원이 형성되어 있었다. 세실은 가장 넓게 드러난 코끼리의 개복부로 올라가 고개를 파묻었다.

어린 수사자가 다가왔지만 세실의 짧은 으르렁거림만으로도 어린 짐승은 굴복하는 자세를 취했다. 연방 터지는 카메라 셔터 소리만 정적을 찢고 있었고, 세실은 다시 고개를 파묻고 코끼리를 뜯어먹기 시작했다. 우리가 좀 더 가까이 가자 조그만 새끼 한 마리가 코끼리 사체에 올라가 나풀거리는 귀를 가지고 놀기 시작했다. 처음엔 참는 듯하던 아빠는 다시 언짢은 목소리로 으르렁거렸다. 새끼의 장난은 끝이 났다.

세실은 무거운 머리를 들어 코끼리 사체 위에 올려놓았다. 그리고 그 큰 눈을 감고 이내 잠에 빠져들었다. 마치 이 큰 저녁 식사의 주빈석이 자기 자리임을 선포하고 있는 것처럼, 그는 느긋하게 잠을 잤다.

사자들끼리 밤을 보내는 게 좋겠다고 우리는 생각했다. 떠날 참에는 이미 수백 장의 사진이 기록되어 있었다. 즐거운 파티는 끝났다. 그리고 우리에겐 많은 일(사자 수염을 통해 개체를 식별하는 것)이 새로 생겼다. 수사자는 한 번에 60킬로그램의 고기를 먹어치운다. 우리는 해가 지는 지평선을 향해 떠났다. 며칠 뒤에도 이곳은 여전히 사자들의 파티장이 될 것이다.

어미 사자가 지켜보는 가운데 잡기 놀이 중인 새끼 사자들. 2015년.

황혼 속의 사자, 2015년.

6장

긴 방패 사자 수호단

오늘날 아프리카 야생에는 사자 약 2만 마리가 산다. 1950년대까지만 해도 약 50만 마리였던 것을 고려하면, 개체수가 아주 가파르게 줄었다. 미국 어류 및 야생 동물 관리국(USFWS)은 최근 동부와 남부 아프리카사자를 '멸종 위협'으로, 서부의 아프리카사자는 이보다 심각한 단계인 '멸종 위기'로 분류했다.

아프리카에서 야생 사자가 멸종의 나락으로 내몰린 데에는 여러 가지 이유가 있다. 그중에서 가장 큰 이유는 가축과 그 소유주인 주민들과의 충돌 때문이다. 가축을 해쳤다는 이유로 사자들은 정부 당국이나 주민들에게 앙갚음을 당해 죽는다. 인간 거주지에 대한 현존

하는 위협만으로도 사자는 사살되기도 한다. 사자 개체수 감소를 막기 위해 우리 같은 보호론자들은 이러한 위협을 어떻게든 막으려고 노력한다.

몇 년 동안 내 업무는 소나 염소, 당나귀가 사자들에 의해 죽거나 피해를 입었다는 신고가 들어오면 현장에 출동해 최대한 많은 정보를 모으는 것이었다. 사건 날짜와 시간, GPS 데이터, 가축의 종 등을 파악하고 기록해, 실제로 그 가축이 사자에게 어떻게 당했는지 최종 확인했다. 가축 소유주를 면담하고 사체의 사진을 찍었다. 이렇게 공들여 쌓은 정보들은 나중에 왜 사자가 마을과 농장에 들어와 피해를 일으켰는지 분석하는 데 큰 도움이 되었다. 1300여 건의 보고서를 쭉 읽다 보면, 사건이 일어나는 장소와 시간의 패턴이 보인다. 충돌 지역을 지도에 표시해 보면, 다른 지역보다 피해가 잦은 일종의 '핫스팟'이 드러난다. 지리적 특성과 관련이 있는데, 대개 보호 구역이나 사냥 허가 구역에서 가까운 곳이다. 그 특성을 고려해 인간과 사자의 충돌을 줄이는 전략을 마련할 수 있다.

케냐와 짐바브웨의 차이

케냐의 암보셀리(Amboseli) 지역에는 사자-인간 충돌 방지 프로그램을 새로 도입해 좋은 결과를 얻었다. 기부자 가운데 한 분이 케냐에 가서 그 프로그램을 배우는 게 어떻겠냐고 해서, 나는 짐바브웨 사정에 맞게 바꿔 적용해 보겠다는 생각을 하고 떠났다.

케냐에서 일주일 동안 그 프로그램의 사자 수호단(Lion Guardians)으로 일했다. 마사이 모란 족(Masai Morans)이 사자의 존재에 대해서 얼마나 자신감 있게 행동하는지 보고 놀랐다. 어느 날 아침 모란 족 한 사람과 걸어서 암사자와 새끼들을 추적하던 때였다. 불과 15미터 떨어진 곳에 사자가 있었다. 우리가 가진 무기라고는 노트북과 구슬 팔찌가 전부였다. 사자가 놀라 달아나지 않았더라면 큰일이 났을 텐데, 모란 족 친구는 의외로 태연했다.

음비리카니(Mbirikani)의 방목지에 갈 적마다 큰 소떼를 이끌고 가는 소년들도 보았다. 다양한 색깔의 옷을 치렁치렁 걸친 소년들이 창을 손에 든 채 소떼의 행렬에서 이탈하지 않았다. "왜 소가 가는 대로 가도록 소를 놔두기만 하느냐?"라고 물으면 "위험하니까 함께 가야지요. 사자가 주변에 있거든요."라고 답했다.

나는 놀랐다. 왜냐하면 짐바브웨에서는 이런 상황에서 아예 소떼를 몰지 않기 때문이다. 내가 물으면 짐바브웨 사람들은 "너무 위험해서 소떼를 몰 수 없어요. 왜냐하면 사자가 있거든요."라고 대답한다. 똑같은 질문인데도 답변이 다르다. 사람들은 분명히 사자와 다른 관계를 맺고 있는 것이다!

케냐의 사자 수호단은 커뮤니티에서 고용한 젊은 전사들이다. 옛날에는 사자를 죽이는 방식으로 마을과 집을 지켰다. 그러나 지금의 사자 수호단은 여전히 마을을 지키지만, 사자를 죽이지는 않는다. 가축을 습격한 적이 있는 사자에는 전파를 송신하는 목걸이가 달려 있다. 매일 아침 모란 족의 소년은 언덕에 올라가 전파 수신기로 사자의 위치를 확인한다. 그러고 나서 언덕에서 달려 내려와 이웃들에게 사자가 어디에 있다면서 그 지역은 피하라고 알려 준다. 온종일 담당 구역을 순찰하면서 그는 사자의 표적이 되곤 하는 길 잃은 가축을 찾고, 방목지의 목책을 고쳐 한밤중에도 소가 안전하게 쉴 수 있도록 한다. 사자 감시 활동으로 인간과 사자의 충돌은 꽤 줄었고 사자가 목숨을 잃는 일도 드물어졌다. 이제 이 프로그램을 가져와 짐바브웨에 적용하는 게 나의 과제가 되었다.

어떤 깨달음

비행기를 타고 짐바브웨로 돌아오면서 왜 두 나라가 전혀 다른 방식으로 사자를 대하는지 생각해 보았다. 두 나라 모두 영국의 식민 지배를 겪었다. 그러나 주민들이 야생 동물과 관계를 맺는 방식 그리고 식민지 관료들이 이에 대응한 방식은 달랐다.

마사이 족은 야생 동물을 먹지 않는다. 마사이 족은 신이 그들에게 소를 주었고 소를 관리하는 게 그들의 임무라고 생각한다. 식민지 관료들은 마사이 족이 야생 동물을 해치지 않으리라고 보았고, 야생

긴 방패 사자 수호단 단원들이 부부젤라를 불고 있다. 2014년.

동물 보전 정책은 그냥 그대로 놔두면 되는 것이었다. 그러나 로디지아(지금은 짐바브웨)에서는 다른 상황이 벌어졌다. 야생 동물이 사는 국립 공원 구역에서 주민들을 소개(疏開)했고, 국립 공원은 주민들에게 일종의 '요새' 같은 것이 되어 버렸다. "요새 안으로 들어가면 체포된다, 다만 뭐(사자)라도 요새 밖으로 나오면 우리가 죽일 것이다."라는 선언. 바로 이런 원칙이 3대째 황게 국립 공원 주변에서 작동하면서, 사람들의 가슴속에서 사자에 대한 분노 혹은 신화, 공포가 성장하게 된 것이다. 우선 주민들이 사자를 자주 보고 접해야겠구나, 사자라는 존재에 대해 익숙해져야 하겠구나 하는 깨달음이 내 머리를 쳤다.

러브모어 시반다(Lovemore Sibanda)라는 활기 충천하고 사람을 좋아하는 마을 사람 한 명이 나의 오른팔이 되어 주었다. 우리는 함께 '긴 방패 사자 수호단(Long Shields Lion Guardians)'을 만들었다. 문제를 일으키는 사자는 으레 가축의 고기 맛을 본 적이 있는 소수다. 그렇다면 그 사자가 누구인지 식별해 GPS 목걸이를 달면 그만이었다. 인터뷰를 해서 단원 10명을 뽑았다. 남성 8명, 여성 2명으로 구성된 수호단은 사자 모니터링을 하는 고된 교육도 이수받았다.

몇 달 뒤, 단원들 모두는 현장에서 사자를 관찰했을 뿐 아니라 GPS를 달면서 사자를 만져 본 경험도 갖게 되었다. 자전거와 GPS 수신기, 3G 휴대 전화, 메신저 와츠앱을 장착하고 사자를 수호했다.

부부젤라는 우리의 무기

매일 아침 아내에게 커피를 타 주면서 나는 곧잘 인터넷에 접속해 '문제 사자'가 어디 있는지 확인한다. 그 사자의 GPS 위치를 긴 방패 단원들에게 보내 주면 가장 가까이 있는 단원이 자전거에 올라 근처로 향한다. 주변에 염소나 소 등 가축이 있는지 확인하고 마을 사람들에게도 사자의 존재 사실을 알려 준다. 어떤 때는 와츠앱을 통해 '사자 근접 정보'를 120명이 한꺼번에 받는 경우도 있다. 소문에는 발이 달

황게 메인 캠프에 접근한 암사자, 2017년.

황게 국립 공원에서 이동 중인 소떼, 2013년.

린 법이어서 학교에 가는 아이들도 길을 돌아가고 소떼들도 위험 지역에서 곧장 빠져나온다. 밤에는 안전을 위해 나무 울타리 안에 소를 집어넣는 것도 잊지 않는다.

보호 구역에서 사자가 빠져나와 마을 가까이 다가오면, 드물지만 수호단이 동네 사람들을 모아 쫓아내는 경우도 있었다. 개들을 이끌고 드럼과 폭죽을 들고 사자들을 보호 구역으로 몰아낸다. 총도 없이 부부젤라 하나로 사자에 대응하는 단원들을 보면 걱정이 된다. 부부젤라는 남아공 월드컵 때 끔찍한 소리 때문에 악명이 높았던 플라스틱 나팔이다. 아프리카에서 혼쭐이 났던 유럽 축구 대표팀처럼 부부젤라가 사자에게도 통하지 않을까? 결과적으로 부부젤라는 매우 효과가 좋았고, 부부젤라를 지원해 달라는 요구가 빗발쳤다. 사자로 인한 가축 피해가 약 50퍼센트 줄었고, 이제 아프리카 오지의 밤은 부부젤라의 소리로 익어 간다.

사자 수호단원은 그 수가 늘어나 아프리카 전역에서 활동하고 있다. 사자를 죽이지 않으면서 자신의 가축은 자기가 책임지고 보호해야 한다는 사람들도 많아지고 있다.

새끼 사자 자매, 2015년.

7장
다섯 번째 생포 작전

황게 사자 프로젝트의 현장 연구원으로 나는 사자에게 (마취제가 달린) 다트를 쏠 수 있는 엄청난 특권을 가지고 있다. 한번은 황게 국립공원의 사자 30마리가 동시에 GPS 목걸이를 차고 있던 적도 있었다. 이 말은 사자들의 GPS 배터리가 닳으면 (배터리를 교체해야 하므로) 그 수만큼 다트를 쏠 수 있다는 이야기다.

다트에 다는 약품에 여러 가지 약을 섞어 쓰는데, 다트에 맞은 사자는 기억 상실 비슷한 증상을 겪는 것으로 알려져 있다. 그 말인즉슨 (다트를 맞은) 동물이 자신에게 무슨 일이 벌어졌는지 모른다는 뜻이다. 나는 그 말이 100퍼센트 참이라고 보지는 않는데, 왜냐하면 우리가 다트를 여러 번 쐈던 몇몇 동물의 경우 우리의 속임수를 알고 있는 것처럼 보였고, 갈수록 그들을 잡기 더 어려워졌기 때문이다. 시무스(Seamus)라는 사자가 그랬는데, 이번에는 시무스를 다섯 번째로 사로잡았을 때의 이야기다.

삐삐……, 시무스 출몰!

시무스를 처음 본 것은 2004년이었다. 프라이드 연합을 이루고 있는 두 형제 중 한 마리였다. (사자는 수컷을 우두머리로 하는 프라이드라는 무리로 구성되는데, 가끔 두 프라이드 간에 연합이 이뤄진다.) 형제는 자손을 번식하는 데 능한 전형적인 젊은 씨수사자였는데, 나의 동료인 제인이 다트를 쏴 그들의 이동 경로를 파악할 수 있었다. 형제를 다시 보기까지 2년이 걸렸다. 둘은 우리 연구 지역 한가운데로 들어와 (다른 무리를 쫓아내고) 영토를 장악하기 시작했다. 내 기억이 정확하다면, 시무스의 형제인 조(Joe)가 다른 사자들과 싸우다 죽을 때까지 짧은 기간이나마 우리가 연구하는 지역을 지배했다.

조가 죽자, 시무스는 그 땅에 붙어 있을 수 없었다. 먹잇감이 별로 없는 가시덤불 지역으로 밀려났고, 거기에서 수년 동안 떠돌았다. 우리는 가끔 시무스를 잡기 위해 오프로드 운전을 감행하면서까지 찾아 나섰지만, 번번이 통나무나 멧돼지가 파 놓은 구멍에 차가 처박히고 타이어가 펑크 나서 시무스를 더 멀리 떨어뜨려 놓았을 뿐이다.

어느 날 사자 위치 수신기를 무의식적으로 시무스의 주파수로 돌렸을 때였다. '삐삐' 소리가 뚜렷하게 헤드폰에서 나오고 있었다. 시무스였다! 난 황급히 브레이크를 밟았다. 나는 창문 밖으로 기어 나와 차 지붕 위에 올라간 뒤 더 좋은 신호를 받을 수 있는 장소가 있는지 찾았다. 다트를 쏘기에 너무 뜨거운 온도였다. 근처에 캠프 사이트가 있었기 때문에, 거기서 해가 어느 정도 지기를 기다리면서 작전을 준비하기로 했다. 모든 것이 그대로 있어야 했다. 왜냐하면 다시는 오지 않을 기회를 놓치기 싫었으니까. 나는 두 발의 다트를 조심스럽게 들고 각각의 약품 용량을 확인했고, 바늘은 부러지지 않았는지 재차 확인했다. 신제품 분홍색 다트를 들고 총에 꽉 끼도록 끝까지 장전했다. 총의 가스 양이 충분한지, 사자를 유인할 소음기도 잘 작동하는지 시험했다. 모든 준비가 완료되었다. 하지만 나의 심장은 여전히 쿵쾅거렸다.

해 질 무렵이 되자 낮에 달구어졌던 공기가 식었다. 우리는 사자가 빠질 함정을 준비했다. 첫 번째 차 지붕 위에 소음기를 설치했다. 소음기에서는 죽어 가는 돼지의 비명이 대지를 울릴 참이었다. 커다란 덤불 뒤에 숨겨 둔 두 번째 차량에서 나는 다트총을 쏠 채비를 하고 있었다. 시무스는 소음기의 소리를 들어본 적이 있기는 하지만, 우리가 알기로는 '꽥꽥대는 돼지'는 아니었다.

준비가 끝난 뒤 나는 친구 닉에게 신호를 보냈고 닉은 재생 버튼을

눌렀다. 끔찍한 비명이 초원의 공기를 타고 번지는데, 갑자기 그가 나타났다. 시무스! 거대한 머리가 덤불에서 슬그머니 튀어나오더니 이내 그는 '공짜 식사'가 어디 있는지 두리번거리고 있었다. 서 있던 시무스가 빠른 속도로 뛰어 내 쪽으로 달려오고 있었다. 적당한 거리에 이르면 다트를 쏘면 되었다. 그러나 시무스는 갑자기 몸을 떨며 멈췄다. 내 트럭을 본 게 틀림없었다. 꼬리를 세게 내리치며 으르렁거리던 시무스는 슬금슬금 덤불 속으로 돌아 들어갔다.

"제기랄, 또 당했군."

그러나 나는 마음을 고쳐먹었다.

'시무스는 다시 올 거야.'

나는 닉에게 돼지 소리를 끄지 말라고 한 뒤, 차의 시동을 걸었다. 이번 기회만큼은 놓치지 않겠다는 결연한 의지로 차를 몰고 덤불로 다가갔다. 나는 시무스와 서로 눈빛을 교환하고 있었고, 다른 차에서는 돼지 소리가 흘러나오고 있었다. 사자와 나는 점점 가까워졌고, 이제 45미터 정도 남았다. 시무스는 점점 초조해하는 것 같았다. 그러나 시무스가 도망칠 통로를 찾기 위해 두리번거릴 때까지 나는 멈추면 안 되었다. 조금만, 조금만, 조금만 더 앞으로 가자. 창밖으로 총을 빼고, 잠금 장치를 풀고, 한 발만 짧게 쏘면 된다. 그런데 이게 웬일인가. 시무스는 몸을 일으키더니, 내 앞으로 성큼성큼 걸어오는 것 아닌가! 다트총의 최대 사거리는 40미터. 놈은 최대 사거리를 아는 듯했다. 왜냐하면 41미터 앞까지 다가오더니 걸음을 멈췄기 때문이다. 그러고는 어슬렁거리며 절대 그 선을 넘지 않았다.

이 상황은 해가 질 때까지 계속되었다. 뭔가 결정을 해야만 했다.

"내가 대체 무슨 짓을 하고 있는 거지! 어쨌든 해 보자."

나는 시무스를 조준하고 있었다. 가슴을 펴고 다트총을 어깨에 붙이고 방아쇠를 당겼다. 다트가 사자를 향해 날아가고 있었다. 하지만 실패. 다트는 사자 뒤 풀밭에 떨어졌다. 총소리에 놀란 사자는 몸을 휙 돌렸고, 분홍색 다트가 풀밭에 꽂히는 것을 보자, 약간은 두려운 듯 으르렁거렸다. 사자는 거기로 가더니 발바닥으로 풀밭을 때리고 긁더니 아예 누워 버렸다. 그러곤 다트를 씹고 있는 것 아닌가!

바늘이 위를 찔렀다면?

심장이 터지는 줄 알았다. 유일한 기회를 놓친 것이다.

사자는 10분 동안 그러더니 일어나 자리를 떴다. 그런데 걸어가는 사자의 뒷모습을 보면서, 닉과 나는 눈을 의심할 수밖에 없었다. 시무스의 뒷다리가 살짝 비틀거렸다. 만약 마취제가 몸속으로 들어갔다면 시무스는 털썩 쓰러질 게 분명했다. 가능한 시나리오를 떠올린 닉과 나는 공황 상태에 빠졌다. 시무스가 다트를 통째로 삼켰다면? 목에 걸리지 않고 제대로 삼켰다면, 그렇게 빨리 약효가 나지 않았을 것이다. 그렇다면 우려스럽지만 화살의 바늘이 내려가다가 위를 찔

건기 호숫가의 사자, 2015년.

러 약이 주입된 것 같았다.

내가 시무스를 죽음으로 몰고 가고 있구나. 재빨리 두 번째 다트를 장전했다. 그리고 시무스에게 다가가(반쯤 취한 상태였기 때문에 이번엔 접근이 쉬웠다.) 다시 다트를 몸에 명중시켰다. 원래는 20분을 기다려야 하지만, 이번에 10분만 기다렸다. 차에서 내려 자고 있는 시무스에게 다가갔다. 턱을 잡고 입을 벌려 내 머리통을 집어넣고 보았다. 정말 결사적으로 다트의 바늘을 찾았다. 그 어딘가 꽂혀 있기를! 그러나 바늘은 보이지 않았다.

이런 끔찍한 상황에서도 시무스는 편안하게 자고 있었다. 거친 숨소리만 평소와 달랐고, 다른 큰 이상은 없는 것 같았다. 우리는 시무스의 눈을 감기고 귀에 귀마개를 꽂고 앞다리를 묶은 뒤 앞다리에서 피를 뽑았다. 그런데 이게 웬일인가.

"여기 있네!"

닉이 몇 발짝 떨어진 풀밭에서 처음 쐈던 다트를 찾았다. 뾰족한 바늘이 몇 가닥의 사자 털과 함께 고무 슬리브에 달려 있었다. 시무스가 풀밭에서 그 다트를 '죽이려고' 공격했을 때, 바늘은 시무스의 가슴을 찔렀고 마취제만 주입된 것이었다. 시무스가 스스로 마취 주사를 놓은 것이다!

나는 시무스의 목에 달린 낡은 GPS 목걸이를 떼고 새것으로 갈아 끼웠다. 지금도 감히 시무스를 잡았다고 말할 수 없다.

2015년.

8장

젊은 수사자들의 비애

매년 5월이면 항상 똑같은 일이 벌어진다. 야생 관리 당국에서 수사자가 사냥을 당했다는 전갈이 온다. 그러면 우리는 사자를 찾아서 목에 단 위치 추적 장치를 수거해야 한다. 지난 2015년 7월 세실의 그 끔찍한 죽음 전에도 나는 그 일을 했다. 사실 사자 모니터링을 시작한 뒤부터 해마다 치르는 연례 행사다.

세실이 죽고 나서 반년 이상 나는 밤에는 성난 사자들을 만나고 낮에는 그보다 더 성난 사람들을 만났다. 미국과 유럽의 부유한 사냥꾼들이 와서 벌이는 사자 사냥에는 어두운 그늘이 존재한다. 세실의 죽음에 분노했던 세계인들은 보지 못했던 부분이다.

나자와 바닐라의 왕국

황게 국립 공원의 일부 영토를 지배하던 사자 라(Raah)가 죽자 두 젊은 수사자가 그의 빈 영토에 들어와 점령했다. 우리 연구원들이 알던 놈들이었다. 나자(Naja)와 바닐라(Vanilla). 나자는 '코브라'라는 뜻이다. 우리가 보는 앞에서 감히 코브라 뱀을 건드린 적이 있어 그렇게 이름 붙였다. (바닐라는 언제부터 그렇게 부르기 시작했는지 모르겠다.) 어쨌든 나자와 바닐라는 라가 다스린 사자 왕국을 접수했다. 나자와 바닐라에 의해 기존의 새끼 사자들이 죽고 암사자들이 공원 바깥까지 쫓겨 다니는 등 몇 달간의 혼란이 이어졌지만, 결국 두 사자가 기존 암사자들이 새롭게 낳은 새끼들의 아비가 됨으로써 상황은 종료되었다. 나자와 바닐라의 왕국이 건설된 것이다.

2013년 10월의 어느 날, 사자 수호단원 중 한 명이 사자 한 마리가 총에 맞았다며 나를 불렀다. 흔치 않은 상황이었다. 왜냐하면 그곳은 사냥 허가 구역이 아닌 사유지였기 때문이다. 나는 공원 관리 당국에 가서 이곳에 팩(PAC, Problem Animal Control)이라고 불리는 사냥 허가권을 발급한 적이 있느냐고 물었다. 공원 관리는 "아니오."라고 말했다.

팩은 '문제 동물'을 관리하는 프로그램이다. 주민들과 충돌이 생긴 동물을 '솎아 낼 수 있는' 허가권을 주는 것이다. 곡물 재배지를 망친 코끼리나 가축을 습격한 맹수가 그런 '복수'의 대상이 되곤 했다.

산다를 몰아내고 황게 백팬 지역의 지배자가 된 수사자, 2016년.

이번 경우에는 공원 당국이 사냥 허가권을 주지 않았기 때문에, 사자 수호단원이 잘못 들은 말일 수도 있었다. 어쨌든 나는 트럭에 올라타 현장으로 달려갔다. 세 남자가 사자의 피부 껍질을 벗겨 지방을 뜯어내고 있었다. 나는 공원 관리인에게 위성 전화를 걸어 사자가 아마도 총에 맞아 죽은 것 같다고 했다.

도륙되던 사자는 바로 바닐라의 형제 나자였다. 팩 사냥 때문에 죽은 게 아니었다. 미국인 부호에 의해 저질러지고는 하는 트로피 사냥으로 사살된 것이었다. 나자는 저세상으로 갔고 바닐라만 혼자 남았다. 즉 바닐라가 위험해졌다는 이야기다.

얼룩말을 뜯어먹는 사자, 2014년.

그래도 바닐라는 그럭저럭 곤경을 헤쳐 나갔다. 동료 나자가 죽고 일곱 달 이상을 다른 수컷 경쟁자들을 막아내는 데 성공했다. 비교적 평화로운 나날들이었다. 짐바브웨 사냥 가이드가 미국인 사냥꾼 고객을 데려와 캠프를 차린 2014년 5월까지는 말이다. 두 사냥꾼은 수컷 얼룩말을 사냥해 그 고기를 국립 공원 경계 구역을 따라 미끼로 뿌려 놓았다. 국립 공원 경계를 따라 철길에 바닐라가 도착한 것은 얼마 안 되어서였다. 사자 바닐라의 우람한 갈기가 사냥꾼들의 눈에 포착되었다. 그 뒤, 나는 너무나 익숙한 메시지를 받고 뛰어야 했다.

"브렌트, 빨리 출동하십시오. 가서 사자의 GPS 목걸이를 수거하세요. 바닐라가 죽었습니다!"

심장이 쿵 하고 내려앉는 것 같았다. 사자 연구를 10년 하면서 나는 죽은 사자의 몰골과 냄새를 끔찍하게도 싫어하게 되었다. 사자들은 보통 내가 잘 아는 놈들이었다. 살갗이 벗겨지고 토막 난 익숙한 사자의 몸뚱어리를 보면서 나는 아팠다.

어린 수사자는 성장하면서 무리 내 어미와 아비로부터 공격을 받는다. 부모로부터 공격이 시작되었다는 것은 진화적으로 보면 종 보전을 위한 스위치가 켜진 것이다. 이제 어느 정도 젊은 수사자로 컸으니 드넓은 외부 세계로 나가라는 신호다. 이렇게 해야 근친 번식을 막을 수 있다.

아비 사자가 자기 영역을 강력하게 구축하고 있을 경우에는 수사자는 네 살이 될 때까지 무리에서 보호를 받기도 한다. 네 살이면 몸

집은 크지만 경험은 없을 때다. 무리에서 떨어져 나온 풋내기 수사자들은 보통 '수사자 연합'이라고 불리는 작은 그룹을 이뤄 살아간다. 많게는 8~9마리에 이른다. 어쨌든 이 경험 없는 코흘리개 사자들이 여기저기 쏘다니면서 고난의 시절을 겪는다. 주인 없는 땅을 발견하거나 만만한 사자 연합의 땅을 빼앗기 전까지는 어려운 삶을 헤쳐 나가야 한다.

나자와 바닐라가 살아 있을 적, 부시(Bush)와 부베지(Bhubezi)라는 이름의 젊은 두 사자는 나자와 바닐라가 다스리는 응가모(Ngamo) 지역을 호시탐탐 노리고 있었다. 나자가 죽은 뒤에도 얼마간 바닐라는 자신의 땅을 두 녀석으로부터 지키는 데 성공했다. 그런데 이번에는 바닐라 또한 죽은 것이다. 주인 없는 땅이 된 응가모는 피비린내 나는 혼란을 예고하는 공간이 될 가능성이 컸다. 응가모에는 '응가모의 개구쟁이들'이라는 별명이 붙은 암사자들과 새끼 다섯 마리만 남아 있었다. 나자의 새끼들이었다. 이 사자들도 위험해졌다.

나자와 바닐라가 저세상으로 떠난 대지의 밤은 조용했다. 부시와 부베지는 이 조용함의 이유를 알아차렸는지 한 발짝 한 발짝 침입했다. 둘은 바닐라가 남겨 놓은 영역 표시가 많이 사라졌음을 차차 깨닫게 되면서 자신감이 오르기 시작한다. 하늘에서는 독수리들이 맴돌면서 죽은 사자의 사체로 달려들고 있었다. 나자와 바닐라의 제국은 곧 무너지고 말 것이다.

젊은 사자들, 2016년.

누가 '문제 사자'를 만드나

사자 무리에서 암수가 교미를 하고 새끼가 나오고 그 새끼가 무리를 떠나기까지는 몇 년이 걸리지 않는다. 새 영토를 인수한 수사자는 과거 지배자의 후손들을 돌보며 낭비할 시간이 없다. 가장 빨리 안정을 찾는 방법은 전 지배자의 새끼를 죽이는 것이다. '영아 살해(infanticide)'라고 불리는 잔인한 행위지만, 어쨌든 새끼를 잃은 암사자에게는 발정기가 찾아온다.

생물학 논문들은 이런 행동을 매우 효율적인 번식 전략이라고 해석하지만, 현실에서는 그렇게 깔끔하지 않다. 암사자들은 새끼들이 죽는 것을 원치 않는다. 선택은 두 가지다. 첫째, 자신이 죽는 한이 있어도 점령자 수사자와 맞서 싸우는 것이다. 둘째, 새끼들을 데리고 가능한 멀리 도망치는 것이다. 그래도 문제는 남는다. 어디를 간다고 수사자가 없을 것인가? 수사자가 없는 가장 안전한 곳은 사람이 사는 마을이다. 그러나 그곳에서도 곤경에 빠지긴 마찬가지다. 암사자들은 사냥을 해서 새끼를 먹여야 한다. 사냥감은 바로 염소와 소다!

암사자와 마찬가지로 젊은 수사자들도 다른 수사자들의 공격을 피하기 위해 안전한 장소를 찾아 헤매지만, 결국 먹을거리인 가축이 모여 있는 마을에 이르고 만다. 사자가 염소나 소 등 가축을 야생 동물보다 잡기 좋아하고 맛있게 먹는다고 말하는 사람들이 있는데, 그렇지 않다. 생각해 보라. 만약 그렇다면 힘세고 큰 수사자가 왜 국립 공원 밖에서 먹잇감을 잡아먹지 않고, 야생에서 물소나 기린을 사냥하는 위험한 게임을 벌이고 있겠는가? 사자는 언제나 야생 동물을 먹고 싶어 한다. 그리고 가축을 공격하는 '문제 사자'는 십중팔구 새끼를 돌보는 암사자나 무리에서 갓 쫓겨나온 젊은 수사자다.

아프리카에 여행 온 부유한 사냥꾼들은 사자에게 총을 겨눈다. 자신들이 정부에 내는 사냥 허가비가 야생 보전과 주민들의 삶에 기여한다고 그들은 말한다. 나자와 바닐라를 해치운 사냥꾼들은 집에 돌아가 수사자의 머리 박제를 벽에 걸어 놓고 아프리카에서 용감한 모험을 했노라고 친구들에게 떠들어 댈 것이다. 그러나 자신으로 인해 아프리카의 초원이 황폐해진다는 사실에 대해서라면 곧잘 눈을 감고 침묵한다.

사냥꾼이 프라이드의 우두머리 수사자를 살해한 여파로 암사자는 새끼들을 데리고 나와 사람과 가축이 사는 마을을 위험하게 전전하다가 결국 다른 영역의 수사자에게 새끼들을 잃는다. 무리에서 갓 나온 젊은 수사자들도 마찬가지다. 주변의 노련한 수사자들에게 쫓기다가 사람의 마을 근처로 몰리고 만다. 사람들은 사자 때문에 불안에 떨고 가축과 사자 모두 공포의 제물이 된다. 예로부터 맺어 온 인간과 사자의 평화로운 관계는 지금 비극의 한가운데를 통과하고 있다. 사냥꾼이 미국 텍사스의 집에 돌아가 행복감에 젖어 위스키에 얼음을 떨어뜨리고 있을 때, 아프리카의 새끼 사자들에게는 죽음이 달려오고 있는 것이다.

제리코, 2013년.

9장

세실과 제리코

2015년 7월, 미국인 사냥꾼이 화살을 겨누던 그 순간, 사자 세실은 혼자가 아니었다. 세실 옆에서 고기를 뜯어먹고 있던 또 다른 사자가 있었다. 그의 이름은 제리코였다. 제리코는 사실 세실과 관련이 없는 수사자였다. 둘은 완전히 다르게 생겼다. 세실은 얼굴 주위에 검은 갈기를 지녔지만, 제리코는 두꺼운 금빛 갈기가 매력적인 사자다. 세실과 제리코에게는 많은 이야기가 숨겨져 있지만, 우리 시대 사자의 역사를 알려면 제리코의 전기를 쓰는 것만으로도 충분하다.

제리코는 2004년 태어났다. 운이 좋게도 아비 사자가 힘이 세서 제리코는 평탄한 삶을 살 수 있었다. 아버지는 이 지역에서 전설적인 사자 음포푸(Mpofu)였다. 음포푸는 황게 국립 공원을 지배하던 네 마리 형제 중 하나였다. 안타깝게도 그의 형제 셋은 국립 공원 경계부 철길을 건너 밖으로 나갔다가 트로피 사냥꾼들에게 죽었다.

반면 음포푸의 목에는 GPS 목걸이가 달려 있었기 때문에, 우리는 그의 행동 권역을 추적하고 있었다. 음포푸는 황게 국립 공원의 10퍼센트 정도의 면적을 경쟁자 없이 지배했다. 바꾸어 말하자면, 황게 국립 공원을 수사자 10마리가 지배한다는 뜻이기도 하다. 만약 권역마다 4마리의 수사자 형제가 연합해 지배한다면, 40마리가 산다는 이야기다. 그런데 정부가 발급하는 사자 사냥 쿼터는 한해 60마리였다. 따라서 음포푸가 보내 준 GPS 자료를 전달하면서 우리는 정부 당국에 무언가 잘못되었다고 이야기할 수 있었다. 국립 공원 내에서 사자 사냥은 2004년 금지되었다. (국립 공원 밖에서는 허용된다.) 제리코와 형제들이 태어난 해다.

절뚝거리며 쫓겨난 음포푸

사냥꾼이 사라진 평화로운 시절이었다. 음포푸가 사는 영역의 다른 젊은 수컷들이 음포푸에게 압력을 가하기 시작했다. 몇 번의 다툼이 벌어지고 음포푸는 두 젊은 수컷에 쫓겨나 국립 공원 남쪽 케네디 지역으로 가야 했다. 그것이 음포푸의 마지막일 줄 알았다. 한편 음포푸의 젊은 아들들(지금은 유다(Judah), 제리코(Jericho), 욥(Job)으로 불린다.)도 다른 어린 젊은 사자들의 압력으로 무리에서 쫓겨나 몇 주 동안 유랑했다. 삼총사가 닿은 곳은 아버지가 머물던 케네디 지역이었다. 삼총사는 어느 정도 성숙해 있었다. 거기서 넷은 새로운 연합을 결성한다. 그 어떤 사자도 이들의 가진 힘과 숫자에 대항하지 못했다. 넷은 전임자의 새끼들을 해치우고 케네디 지역에 정착했다.

네 마리는 보기에도 위엄이 넘쳐흘렀다. 이내 관광객과 다큐멘터리 감독들에게 유명해졌다. 야심찼고 무적이었으며, 영토는 점차 확장되어 갔다. 어슬렁거리기만 하면 그들의 영토가 되었다.

이들의 왕국이 응웨슐라(Ngweshla) 지역까지 뻗어 나가던 어느 하루, 네 수사자는 그 땅의 우두머리 세실과 리앤더(Leander)와 마주쳤다. 운 좋은 사람들은 두 무리가 벌인 전투의 대서사시의 일부를 목격할 수 있었다. 이 영역 싸움으로 세실의 형제 리앤더는 죽었다. 음포푸는 뒷다리를 물려 치명상을 입었다. 음포푸는 그의 안전한 핵심 영역까지 상처 난 몸을 절뚝거리며 20킬로미터를 걸어 돌아가고 있었다. 삼주일이 걸린 고난의 행군이었지만, 음포푸는 천천히 굶주려 죽어 가고 있었다. 보다 못한 공원 당국이 그를 고통으로부터 벗어나게 했다.

음포푸와 함께했던 수사자들은 새로 정복한 땅에서 새 삶을 꾸려 갔다. 세실은 자리를 비켜 준 상태였다. 그러나 번영은 오래가지 않았다. 유다는 불법 트로피 사냥꾼에게 죽었고, 욥은 정식으로 면허를 발급받은 사냥으로 죽었다. 남은 사자는 제리코 하나뿐이었다. 이제 제리코에게는 예전보다 훨씬 많은 땅이 펼쳐졌지만, 그는 그중에서 먹잇감이 밀집돼 있는 핵심 지역에 집중했다. 우연찮게도 바로 이웃에는 세실이 있었다. 그사이 세실은 20마리를 거느리며 황게의 전설이 되어 가고 있었다. 검은 갈기를 가진 덩치 큰 이 사자는 사파리 차량에는 격의 없이 대했다. 세실은 가장 사랑을 받는 수사자였다.

항상 그렇듯 평화는 오래가지 않았다. 공원 북동쪽에서 두 수사자가 들어온 것이다. 부시와 부베지. 연구원들에게 잘 알려진 놈들이었다. 두 사자는 아주 쉽게 제리코를 쫓아내 버렸고 이어 세실도 자리를 떴다. 자신의 프라이드를 데리고 제리코가 간 곳은 국립 공원 바깥 민간인이 사는 지역이었다. 위치 추적 장치가 표시한 지역을 가 보면 제리코가 소들을 이미 습격한 뒤였다. 성난 땅 주인은 죽은 동물의 사체에다가 가시덤불을 쌓고 두 군데의 입구만 남겨 두었다. 그 입구 밑에다가 덫을 쳐 두었다. 얼마 뒤, 제리코는 덫에 걸려들고 말았다. 날카로운 덫이 그의 목을 감쌌고 그는 허우적댔지만 더 당겨질 뿐이었다. 하지만 제리코는 결국 덫을 토막 내 버리고 탈출할 수 있었다.

제리코는 다시 공원 안쪽으로 들어갔고 우리는 몇 주 뒤에 그의 위치를 찾아낼 수 있었다. 상처는 꽤 깊었다. 나는 목에 박힌 덫의 일부와 GPS 목걸이를 벗겨, 상처가 아물도록 해 주었다. GPS가 없으니 그 뒤부터 제리코를 감시할 수 없었다. 1년 동안 우리는 제리코의 행방을 몰랐고, 세실에 달려 있던 GPS의 배터리도 다 닳았다. 우리

부베지와 새끼 사자, 2016년.

는 제리코와 세실을 잃어버리고 말았다.

어느 날 지역 사파리 가이드 한 명이 와서 두 수사자가 함께 있는데 세실과 제리코인 것 같다고 말했다. 두 사자는 약간 서로에게 공격적인 행동을 보이긴 하지만 함께 있는 게 분명해 보인다고 했다. 우리는 초조해하면서 며칠을 기다렸고, 결국 사진을 찍어 확인했다. 세실과 제리코는 동지가 되었다!

사자의 지배 게임은 일종의 '숫자 놀음'이다. 수사자 두 마리는 언제나 수사자 한 마리보다 낫다. 세실과 제리코도 함께 있을 때 자신들이 더 세다는 걸 깨달은 듯했다. 둘은 각자 지배하던 땅을 하나의 땅으로 만들어 연대하기 시작했다. 관광객들에게 인기가 좋았다. 차량이 옆에 붙어도 개의치 않았으며 수천 시간 관광객 앞에서 늠름한 모습을 보여 주었다. 번식 측면에서 보면, 세실은 제리코를 앞질러 암사자와 교미했다. 암사자들은 금발의 갈기를 가진 제리코보다 검은 갈기의 세실을 선호했다. 연구원들이 이 무리를 '세실의 프라이드'라고 부르는 이유다.

제리코의 파란만장한 삶

2015년 7월 제리코는 날고기 냄새를 맡고 달려갔다. 그 뒤에는 사냥꾼들이 숨어 있었다. 거대한 코끼리 사체였다. 하지만 사냥꾼들의 표적은 금발의 사자가 아니었다. 사냥꾼들은 검은 갈기의 사자가 올 때까지 또 한 시간을 기다렸다. 미국인 치과 의사는 석궁을 들었다. 세계를 놀라게 할 날카로운 화살이 세실에게 날아가고 있었다. 제리코가 자신과 연합하고 있는 사자의 죽음을 직접 보게 된 것은 벌써 세 번째였다.

세계인들의 우려와 달리 세실이 죽고 나서 제리코는 세실의 새끼들을 공격하지 않았다. 제리코는 대신 세실의 가족들이 자신이 주로 머무는 땅에도 돌아다니게 하면서 그들을 안전하게 보호했다. 제리코의 포효 소리와 냄새는 세실의 새끼들이 클 때까지 다른 수사자들의 접근을 막았다.

제리코의 삶은 한 사자에 관한 놀라운 이야기이기도 하면서 현대의 사자들이 겪고 있는 위협을 보여 주는 이야기이기도 하다. 제리코는 안전한 보호 지역에서 태어나 다른 수사자가 그의 아비를 공격할 때까지 평화롭게 살았다. 형제들과 함께 새 땅을 개척했으며 형제들이 트로피 사냥꾼에게 쓰러지는 것 또한 목도했다. 먹을거리가 없는 상황에서 공원 바깥으로 내몰린 그는 가축을 공격했고, 앙갚음으로 인간이 쳐놓은 덫에 걸려 고통을 당했다. 그는 다른 수사자와 연합을 이뤄 왕국을 재건했고 다시 자신 앞에서 동료 수사자(세실)가 죽는 장면을 보게 된다. 그리고 죽은 동료의 새끼들을 자신의 자식처럼 보호했다.

제리코야말로 진짜 사자다. 그의 근엄한 포효는 지금도 차가운 정적이 도는 짐바브웨의 초원을 울린다.

세실과 제리코, 2015년.

세실, 2015년.

10장

위대한 사자의 죽음

차가웠지만 청명한 7월 밤이었다. 짐바브웨 황게 국립 공원의 경계부에서 위장복을 입은 세 남자가 죽어 있는 코끼리 한 마리를 불안하게 바라보고 있었다. 코끼리 사체에서 약 40미터 떨어진 곳에 사자 한 마리가 있었다. 보름달이 비추는 노란빛에 금발의 갈기가 반짝였다.

국립 공원 안에 있던 제리코가 냄새를 따라 여기까지 온 이유는 그가 지금 먹고 있는 코끼리 고기 때문이었다. 죽은 코끼리 살덩이가 풍기는 강한 냄새가 제리코를 이곳까지 유인했다. 사자는 이미 살점을 뜯어 가져가서 먹고 있었다. 꼬박 한 시간 동안 사냥꾼들은 이 매력적인 사냥감을 잡지 않고 그저 기다릴 뿐이었다. 조용히 참고 기다렸다. 공원 안쪽, 남쪽 방향에서 무언가를 향해 짖는 자칼 소리가 울렸을 때였다. 사냥 가이드가 미국인 고객에게 속삭였다.

"자, 이제 시작입니다."

큼지막한 그림자가 코끼리 사체로 다가가고 있었다. 저벅저벅 모래더미를 헤치는 소리가 울릴 정도였다. 또 다른 사자가 나타난 것이다. 그 사자는 잠깐 으르렁거리며 제리코와 드잡이를 하더니 코끼리 사체 위에 올라타 살덩어리를 뜯기 시작했다.

미국인 사냥꾼은 벌써 석궁을 겨냥하고 있었다. '톡' 하는 부드러운 소음이 기분 나쁜 정적을 깨뜨렸고, 이어 사자의 신음 소리가 낮게 깔렸다. 그때까지만 해도 세계는 이 한 장면에서 그토록 많은 뉴스가 퍼져 나갈지 알지 못했다. 화살을 맞은 사자는 피를 흘리며 움직였고, 무관심의 잠에 빠져 있던 사람들은 깨어나기 시작했다. 여기서 사자 '세실'의 이야기가 시작되었다.

사자의 고통과 위스키 한잔

사냥꾼들은 현장을 떠났다. 위스키 한잔을 마시고 뜨거운 물에 샤워한 뒤 잠을 잘 수 있는 캠프로 돌아갔다. 한밤중 어둠 속에서 부상당한 사자를 뒤쫓는 것은 위험천만한 일이다. 그래서 사냥꾼들은 세실이 밤새 피를 다 흘리고 지쳐 쓰러질 때까지 기다린 것이다. 서두를 이유가 없었다.

다음날 아침 사냥꾼들은 따뜻하게 데운 아침 식사에 진한 블랙커피를 마시고 랜드로버에 올라탔다. 코끼리 사체 더미가 있는 곳으로 돌아가 세실을 뒤쫓았다. 세실이 지나간 자리에는 빨간 피가 떨어져 있었기 때문에 추적은 어렵지 않았다. 마침내 그들은 덤불 아래서 성난 표정으로 쉬고 있는 세실을 발견했다. 사냥 가이드가 총 한 자루를 건넸지만, 미국인은 손을 내젓는다. 대신 그는 화살을 쏘았다. '톡' 하고 낮은 소리가 다시 한 번 퍼지고, 화살은 '아프리카에서 가장 큰 사자'에게 날아가 그의 생명줄을 끊는다.

이미 가장 큰 흰코뿔소와 북극곰을 사냥한 전적의 소유자였던 월터 파머는 또 한 번의 기록이 욕심났을 것이다. 그런데 이번엔 좀 상황이 달랐다. 동료 사냥꾼들로부터 찬사를 받는 양 사자에 가까이 다가갔는데, 사자 목에 황갈색의 GPS 목걸이가 걸려 있는 것이다. 그가 공포에 떨었을 장면을 상상해 보라. 이마에서 맺힌 땀방울이 관자놀이로 떨어진다. 사자 목에 달린 목걸이는 누군가 사자를 지켜보면서 모니터링하고 있다는 뜻이었다.

파머는 자신이 곤경에 처했다는 사실을 깨닫는다. 그가 할 수 있는 것이라고는 현장에서 빠져나오는 것뿐이다. 사냥 가이드는 파머에게 괜찮을 것이라고 안심시킨 뒤 빨리 떠나라고 말한다. 파머는 공황 상태에 빠져 줄행랑을 친다. 가이드는 세실의 목에서 목걸이를 벗겨내 나무 위에 걸어놓는다.

그날 오후, 낡은 옷에 군화를 신은 한 남자가 나무에 가서 GPS 목걸이를 집어든다. 단단히 일러둔 터라 그는 시간을 허비하지 않았다. 목걸이를 가지고 공원 경계부의 도로를 따라 공원 북쪽으로 갔다가 다시 서쪽과 남쪽으로 내려간다. 목걸이를 절대 몸에서 떼지 않았다. 그리고 물웅덩이 근처의 덤불에 목걸이를 몇 시간 동안 갖다 놓는다. 다시 목걸이를 들고 1킬로미터를 걸어간 뒤, 덤불에다가 반나절 동안 놓아 둔다. 또다시 목걸이를 가지고 물웅덩이로 돌아간다.

그는 이런 식으로 사자 연구원들을 속이려고 했다. 고객들이 빠져나갈 시간을 벌기 위해 세실이 살아 움직인 것처럼 꾸민 것이다. 그의 상사인 사냥 가이드는 그런 속임수에 능통한 사람이었다. 2015년 7월 4일 오전 8시가 좀 넘은 시각, 마지막으로 그는 공원 경계부의 철길로 향한다. 도끼로 목걸이를 박살 낸 뒤 석탄 운송 열차가 지나갈 때 아무도 모르게 던져 버린다.

세실이 불러온 거대한 변화

바로 그날 아침 나는 커피 한잔을 하려고 일어났다. 주전자에 물을 올려놓고 습관적으로 스마트폰을 꺼내 사자들이 어디에 있는지 위치를 확인했다. 세실을 비롯한 사자들의 목걸이에서는 두 시간마다 한 번씩 위치 정보를 담은 전파를 송신한다. 나는 그 정보가 모이는

세실, 2015년.

세실과 암사자, 2012년.

10장 위대한 사자의 죽음

웹사이트에 들어가 위치를 확인한다.

다른 사자들은 이상할 게 없었다. 단지 세실에게서만 오전 8시 이후 아무런 정보도 수신되지 않고 있었다. 맨 처음 나는 GPS 목걸이의 배터리가 다 된 줄 알고, 세실을 찾아서 목걸이를 교체해야겠다고만 생각했다. 그해 사자 사냥 쿼터는 '0마리'였기 때문에, 나는 세실이 사냥으로 죽었으리라고는 생각지 못했다. 2014년에 사냥감이 된 사자 5마리 중 4마리가 사냥 제한 나이인 여섯 살 이하의 어린 개체여서, 공원 당국은 2015년 사냥 허가를 내주지 않고 있었기 때문이다.

사흘 뒤 사파리 가이드 마이크가 나를 방문했다. 큰 수사자 한 마리가 사냥꾼에게 당했다는 얘기를 들어본 적이 있느냐며, 그는 공원 경계 바로 바깥의 앙투아네트(Antoinette) 지역에서 일이 터진 것 같다고 말했다.

심장이 쿵 하고 내려앉았다. 세실이었다! 나는 곧바로 세실의 마지막 위치를 확인하고 공원 당국에 보고했다. 초록색 유니폼을 입고 소총을 소지한 국립 공원 요원들이 현장으로 달려갔고, 곧이어 탐문 조사를 통해 사자 한 마리가 사살된 사실을 확인했다. 요원들은 사자의 유골을 수거했다. 한때 늠름한 위용을 자랑하던 수사자였지만, 갈비뼈와 척추뼈 몇 개만 남아 있었다. 곧바로 착수된 조사에서 사냥꾼이 미국인 치과 의사 월터 파머라는 사실이 밝혀졌고, 전 세계 사람들의 분노를 들끓게 한 뉴스가 터져 나왔다.

100만 달러 이상의 성금이 사자 세실을 연구하며 사자 보전 활동을 펼친 와일드크루에 답지했다. 항공사 42곳이 사냥된 야생 동물의 모피를 운송하지 않겠다고 밝혔다. 미국 어류 및 야생 동물 관리국(USFWS)은 아프리카사자를 멸종 위기종으로 지정했다. 해당 종의 생존에 위해를 가하지 않았고 종 보전에 기여했다는 증빙 없이는 미국인 어느 누구도 아프리카에서 사냥한 사자를 미국으로 가져올 수 없게 되었다. 남아프리카공화국에서 거대한 사업을 이루고 있는 통조림 사자 사냥(canned hunt, 사자, 얼룩말 등 사육 시설에서 수용한 야생 동물을 울타리가 쳐진 제한된 구역으로 풀어 준 뒤 사냥을 하는 방식이다. 대개 미국과 유럽에서 온 부자 사냥꾼은 '야생의 기분'을 느끼며 사냥을 한다. 남아프리카공화국에서 레저 사냥으로 떠올랐는데, 세실 사건 이후 비판을 받고 있다. — 옮긴이)도 위기에 직면하게 되었다. 야생 사자와 달리 인간들에 의해 길러진 이 사자들은 사자 농장에 풀려난 뒤 돈을 낸 사냥꾼들에 의해 죽는다.

내가 지금 이 글을 쓰고 있는 시간, 미국 어류 및 야생 동물 관리국은 이런 종류의 사자들의 수입도 전면 금지했다. 한 사자의 죽음이 많은 변화를 불러왔다. 용맹한 사자 세실이 남긴 유산은 사자와 사람 두 종의 미래 세대에도 이어질 것이다.

제리코, 2016년.

11장
안녕, 제리코

2015년 7월 세실이 비극적인 죽음을 맞았을 때, 세실의 GPS 목걸이는 작동하고 있었지만 제리코의 것은 그렇지 않았다. 우리는 남아프리카공화국에 주문한 GPS 목걸이를 기다리고 있었다. 세실과 제리코는 각각의 프라이드를 거느리며 연대하는 파트너 관계였다. 둘은 보통 같은 지역에 있었기 때문에 우리는 세실에게 달아 놓은 목걸이로 제리코의 위치를 파악할 수 있어 큰 불편은 없었다.

그러나 세실이 죽자, 우리는 제리코의 소식을 알 수 없게 되었다. 이런 상황에서 세실의 동료 제리코도 같은 운명에 처했다는 오보가 전 세계로 퍼지고 있었다. 세계의 눈이 짐바브웨 황게 국립 공원을 주시하고 있었다. 우리는 정말 필사적으로 제리코를 찾아다녔다. 제리코를 찾게 되면 그의 목에 GPS 목걸이를 달아 그의 안녕을 상시로 확인할 수도 있었다. 그러나 쉬운 일이 아니었다. 특히 제리코는 차량에 민감하게 반응하는 사자였고, 누군가 옆에 다가오는 낌새라도 느끼면 도망치기 일쑤였다.

제리코는 어디로 갔나

제리코가 케네디 지역에 머무르고 있다는 목격담이 보고되었다. 세실이 사냥을 당한 구역의 바로 건너편이었다. 세실의 죽음 직후 나의 직설적인 말과 행동 때문에 나는 사냥 구역에서는 환영받지 못하는 사람이 되어 있었다. 지역 출신 사파리 가이드들의 목격담에 의존할 수밖에 없었고, 신빙성 있는 보고가 올라오면 바로 출동할 채비를 하고 기다렸다.

세실이 죽고 3주가 흐른 뒤였다. 그날이 마침내 왔다. 한 캠프의 사파리 가이드가 제리코가 암사자 두 마리와 함께 물을 먹고 있는 것을 봤다는 사실을 와츠앱으로 알려 줬다. 서둘러 장비를 챙긴 뒤 공원 관리 당국에 무장 요원을 지원해 줄 것을 요청했다. 그러나 불행하게도 코끼리를 사냥하는 무장 밀렵꾼이 국립 공원에 들어왔다는 제보를 받고 출동 가능한 요원은 이미 다 나가 버린 상태였다. 나 혼자서

암사자를 따라가는 제리코, 2011년.

제리코, 2015년.

11장 안녕, 제리코

제리코를 찾으러 가야 했다!

사실 사자를, 그것도 다른 사자들과 함께 있는 사자에게 혼자 다가가 다트를 쏘고 마취시키고 GPS를 다는 건 무모한 일이다. 나는 아내 로리에게 운전을 해 달라고 부탁했다. 몇 년 전, 제리코와 사자 형제들에게 지금의 이름을 붙인 사람이 바로 로리였다. 우리가 사자 연구 프로젝트를 시작하고 얼마 안 되어서였다. 로리는 제리코를 "내 자식"이라고 부를 만큼 좋아했다.

로리는 흔쾌히 좋다고 했고 우리 부부는 랜드크루저에 짐을 싣고 제리코가 있는 곳으로 출발했다. 마취총, 마취제, GPS 목걸이, 테이프, 주사기, 캘리퍼스(두께 등을 재는 도구) 등이 상자 안에 담겼다.

마취가 시작되면 주어지는 시간은 딱 한 시간이었다. 한 시간 안에 GPS 목걸이를 새것으로 교체하고, 털을 뽑고, 피를 뽑고, 이빨 길이를 재고, 사진을 찍고, 몸 각 부위의 길이와 크기를 측정해야 했다. 그때까지 사자 87마리를 해 본 적이 있었기 때문에 나는 충분히 준비되어 있었다고 할 수 있었다. 그런데 우리가 잊고 있는 게 하나 있었다. 여섯 살배기 아들 올리버! 결국 우리는 올리버를 랜드크루저 뒷칸 상자 위에 앉히고 국립 공원 안으로 질주하기 시작했다.

제리코와 사자들이 물을 먹었던 장소에 우리는 도착했다. 한눈에 보기에도 수사자의 것처럼 보이는 큰 사자 발자국이 비포장 도로에 찍혀 있었다. 심장이 쿵쾅쿵쾅 뛰기 시작했다. 지난 9년 동안 이런 작업을 한두 번 해 본 게 아니지만, 사자의 흔적을 발견할 때마다 나의 맥박은 빨라진다. 운이 좋게도 제리코의 목걸이 중 고장 난 부품은 GPS 기기뿐이었다. 라디오 전파 송수신기는 아직 기능을 하고 있었다. 우리는 사자 발자국을 따라 4킬로미터를 이동했다. 안테나를 세우면 '삐' 하는 소리가 들리는 곳으로 더듬더듬 자취를 쫓았다.

그렇게 다다른 곳은 사자 세 마리가 뜨거운 태양을 피해 쉬고 있는 티크나무(열대 낙엽수의 일종)였다. 태양 빛이 너무 뜨거워 제리코 마취 작업을 개시하기 좋지 않아 보였다. 우리는 조심스럽게 사자들을 지나쳐 그늘에 자리를 잡았다. 한 시간 정도 기다렸던 것 같다. 이것저것 아내와 이야기를 나누면서도 곧 중요한 일을 앞두고 있기에 긴장의 끈을 놓진 않았다. 어떤 동물이 되었든 마취총을 쏘는 것은 죽을 만큼 떨리는 일인데, 심지어 세계가 행방을 좇는 사자 제리코 아닌가! 새 목걸이를 제리코에게 걸어 주면 그의 움직임을 한 시간 단위로 관찰할 수 있을뿐더러 불법 사냥꾼 등의 위험으로부터 보호할 수 있었다. 이제 곧 그렇게 할 참이었다. 마취약을 장전하는 내 손이 떨리고 있었다.

올리버의 활약

올리버는 트럭 뒤 칸에 조용히 앉아 있었고 나는 마취총을 쥔 채 의자에 올라섰다. 아내가 조심스레 제리코가 있는 티크나무 쪽으로 차

다트를 맞은 제리코, 2014년.

를 몰았다. 우리가 접근하자 제리코는 매우 예민하게 반응했다. 도망가지 않았지만 우리가 덤불 가까이 이르자 몸을 깊숙이 파묻었다. 좋지 않은 자세다.

한 발에 명중시킬 수 있을 만큼 나는 시야를 확보해야 했다. 또한 마취제를 맞고 쓰러진 제리코에게 다가가 이것저것 작업을 할 때, 주변 암사자들에 대한 시야를 충분히 확보할 수 있는 장소이어야만 했다. 만약 시야가 충분히 확보되지 않는 곳에서 제리코가 쓰러지면 좋지 않았다. 교체 작업을 하는 동안 주변 암사자들을 잘 볼 수 없기 때문이다.

우리는 덤불 주변을 조심스럽게 뱅뱅 돌았다. 제리코가 덤불 끝에서 충분히 빠져나왔을 즈음, 나는 마취총을 들고 조준을 하기 시작했다. 아뿔싸, 너무 성급했다. 마취제를 싣고 날아간 다트는 제리코 왼쪽 어깨 위를 살짝 스쳐 덤불 속으로 사라져 버렸다. 제리코는 크게 포효하더니 꼬리를 크게 휘젓고 움직이기 시작했다. 아주 안 좋은 상황이 펼쳐지고 있었다. 아마 제리코는 세실과 함께 있을 때 사냥꾼이 쏜 석궁 화살을 떠올렸을 것이다.

나는 스스로를 진정시킨 뒤 로리에게 다트가 어디에 떨어졌는지 살펴보라고 했다. 밝은 분홍색 화살촉은 찾기가 쉬웠다. 나는 차 문을 열고 나가 다트를 회수하고 툭툭 털고서 다시 마취총에 장전했다. 두 번째 시도는 명중했다. 11분이 지나자 제리코는 약 기운에 쓰러졌다. 우리는 올리버를 트럭 지붕에 세우고 다른 사자들이 오는지 망을 보라고 했다. 나와 로리는 노련한 한 팀처럼 제리코에게 다가가 작업을 시작했다. 내 노트북 어딘가 올리버가 스마트폰으로 찍은 영상이 있을 것이다. 모든 작업이 끝난 뒤 우리는 회복제를 주사하고 현장에서 빠져나왔다. 그리고 차 안에서 특별히 준비한 맥주 두 병을 따 제리코의 장수를 기원하며 건배를 했다. 제리코는 세계인과 사냥꾼의 관심을 끌고 있는 사자였다. 그리고 자신과 세실의 새끼들 또한 보호하고 있었다. 우리는 이 순간이나마 제리코가 깊은 잠을 자기를 바랐다. 마취에서 깨어나면 그에게 다시 많은 짐이 남아 있기 때문이다.

제리코의 최후

세실이 저 세상으로 떠난 뒤 1년 남짓이 흘렀을 때, 제리코가 죽었다는 소식을 들었다. (2016년 10월 29일이었다.) 그만의 안전한 왕국에서 잠을 자면서 죽음을 맞이했다. 지난 주까지만 해도 제리코의 위치를 확인하고 있었던 우리 또한 갑작스러운 죽음으로 슬픔에 빠졌다. GPS 목걸이를 교체하고 1년 이상을 제리코는 자신의 프라이드뿐만 아니라 죽은 세실의 가족도 보호했다.

모험에 가득 찬 삶을 살고 죽은 그의 나이는 열두 살이었다. 늙은 이빨은 부러지고 바랬지만, 제리코의 몸만큼은 여전히 늠름한 자태였다. 하지만 그의 피로한 삶만큼이나 몸속은 골병이 들었을 것이다.

사파리 가이드는 제리코가 죽기 직전 비정상적으로 거친 숨을 쉬었다고 보고했다. 사체로 발견되었을 때 제리코의 자세를 보건대 아마도 잠을 자면서 죽음을 맞이한 것으로 보인다. 제리코는 인간들이 쳐놓은 철제 덫과 사자들과의 무수한 영역 싸움, 불법 트로피 사냥꾼들 속에서 투쟁하며 자신의 삶을 살았다. 그리고 위엄을 잃지 않고 죽음을 맞이했다. 그는 '최고의 사자'였다.

산다, 2015년.

12장
세실의 아들, 산다

2016년 4월. 사자 세실이 죽은 지 아홉 달, 내가 황게 국립 공원에서 사자 연구를 시작한 지 9년 반이 된 어느 날, 나는 황게 사자 프로젝트 일을 그만두었다. 세실이 트로피 사냥꾼에게 허망하게 간 사건은 내가 앞으로 무슨 일을 해야 할지 구체화시켜 주었다. 사자를 위해 많은 일이 필요했고, 그러기 위해서는 혼자 가야 한다는 사실도 깨달았다. 사자들을 위한 큰 목소리뿐만 아니라 사자 보전과 관련한 여러 논쟁점을 격파하는 총체적인 사고도 필요했다. 직업을 유지하기에는 힘들었다. 내가 가진 신념에 한 번의 도약이 필요했고, 내 옆의 아름다운 아내와 함께 우리 자신의 것들을 만들어 가야 함을 의미했다.

몇 년 전, 우리 부부는 한 지역 부족장에게 그들의 땅에 살아도 되는지 물었다. 그는 너그럽게 허락했고 보호 구역 도로 맞은편에 농장을 지을 만한 땅을 내주었다. 코끼리가 저벅저벅 걸어오고 하이에나가 가축을 훔치는 곳이었다. 즉 우리가 도우려는 사람들의 삶 깊숙이 들어가는 것이었다. '인간과 야생 동물이 만나 함께 공존할 수 있느냐?'는 물음에 대해 도전적으로 답하는 결정이기도 했다.

아프리카 사자를 위협하는 사건은 늘 공원(보호 구역) 경계부에서 발생한다. 이 말은 내가 예전처럼 황게 국립 공원 안에 들어가 사자와 함께 보내는 시간은 줄어들지만, 사자의 생존을 위해 실질적인 일을 할 수 있는 시간은 늘어난다는 뜻이기도 했다. 무엇보다 밤에 충분히 잘 수 있어 좋았다. 하지만 사자와 함께 보낸 시간이 그리웠다. 여기서 그립다고 한 것은 아주 절제된 표현이다. 사자에 '중독'된 나는 사자를 보지 못하니 독방에 갇힌 듯한 느낌마저 들었다. 마약 공급책을 잃어버린 중독자처럼, 나는 사자가 몹시도 그리웠다.

얼룩말은 패스

2015년 11월, 내 인생에서 가장 놀라운 광경을 보았다. 사자 보전 프로젝트 기부자들과 친한 친구 몇 명을 데리고 초원에 나갔을 때였다. 뜨거운 바람이 칼라하리의 모래 알갱이로 작은 토네이도를 만들고,

코끼리와 물소 떼가 작은 물웅덩이 하나를 찾기 위해 느리지만 분주한 발걸음을 옮기고 있을 때였다. 6마리의 젊은 사자 무리가 불과 몇 미터 떨어진 곳에 나타났다. 우리도 사자들도 서로의 존재를 알고 있었으므로, 우리는 조용히 앉아서 사자들을 구경했다. 그런데 사자들이 뭔가를 할 것처럼 보였다.

가만히 지켜볼 수 없었다. 진토닉을 따라 주는 사이(기부자들을 위해서 종종 이렇게 준비한다.) 사자가 곧바로 사냥에 들어가 무언가를 죽일 것처럼 보였기 때문이다. 그 뒤 두 시간 반 동안 사자들은 물소 두 마리와 흑멧돼지 한 마리 그리고 최종적으로 우리 코앞에서 코끼리 새끼 한 마리를 잡았다. 카메라 셔터 소리가 내 귀에서 끊이지 않을 정도였다. 굉장한 장면이었다. 공원 사파리를 운영하는 업체가 이 소식을 듣고 나에게 사파리 상품을 만들고 싶다고 제안을 해 왔다. 몇 주 동안 의견이 오갔고, 사파리를 이끌어 달라는 그들의 제안을 수락했다.

몇 달이 흘렀다. 나는 내 프로젝트를 만드는 데 여념이 없어서 시간 가는 줄도 몰랐다. 그리고 불현듯 사파리 장비와 카메라, 지프차가 덩그러니 도로 앞에 서서 나를 기다리고 있음을 깨달았다. 관광객들을 데리고 야생 캠프로 들어가야 했다. 다 제쳐두고 사흘 동안 온전히 사자를 보는 프로그램을 하기로 했다. 사파리를 신청한 사람들은 다른 목적이라고는 없이 오직 사자와 함께 시간을 보내는 것뿐이었다. 우리는 우리 사파리의 모토를 이렇게 정했다. "얼룩말 따위에는 차를 멈추지 않는다!"

처음 두 차례의 사파리 상품은 예약을 받자마자 매진되었다. 1년 전 '놀라운 오후'를 함께 보낸 사람들이 재차 신청한 것이다.

나는 출발 하루 전 캠프로 가서 사파리 여행에 대한 준비가 잘되어 있는지 점검했다. 진토닉도 여러 병 갖다 놓았지만, 그래도 중요한 것은 많은 사자를 '준비'하는 것이었다. 데이비슨 캠프(Davison's Camp)는 자단나무의 그늘 밑에 쳐진 작은 텐트동이었다. 황게 국립공원의 백팬(Backpans) 지역에서 약 10킬로미터 떨어진 위치였다. 백팬은 사자 세실이 자주 가던 장소 중 하나였다. 물소 등 사냥감이 많았기 때문이다. 일랄라야자나무와 흑단나무가 군데군데 서 있는 넓은 초지였는데, 나는 그곳의 나무들이 말을 할 수 있다면 그간의 이야기를 해 주면 좋겠다는 생각을 하고는 했다.

세실이 거기 살았을 때부터 아주 많은 사건이 초원을 지나갔다. 사자를 쏘아 죽인 트로피 사냥꾼들이 연루된 일련의 사건부터 프라이드의 영역 다툼과 권력 교체까지 많은 일이 일어났다. 세실 이후에는 부시와 부베지가 이곳을 점령했다. 그들 또한 세실의 아들 산다(Xanda)와 형제들과 고통스러운 투쟁 끝에 세실처럼 패퇴해 쫓겨났다. 산다 역시 일주일 전에 다른 수사자들한테 쫓겨났다고 들었다. 그 수사자들은 내가 본 적이 없는 놈들이었다. 백팬으로 가는 길, 나는 좀 더 많은 것을 알고 싶었다.

관광객들은 이튿날 비행 편으로 도착했다. 땀내 나는 하루를 파하고 술을 한 잔 마실 때(사파리의 전통이다.) 눈앞에서 암사자 두 마리와 부산하게 돌아다니는 들개 떼가 나타났다. 이튿날 해 뜨기 전에 일어난 우리는 암사자 세 마리(수사자 산다는 쫓겨났지만, 이들은 아직 남아 있었다.)가 간밤에 영양 하나를 사냥한 것을 발견했다. 관광객들은 사진을 찍느라 부산했는데, 암사자들의 유별난 행동이 눈에 띄었다. 암사자들이 무언가 신경을 쓰고 있는 것 같았는데, 정신없이 영양을 뜯어먹다가도 속도를 늦추고 특정 방향을 주시하는 것이었다. 나는 관광객들에게 '용기 있게' 말했다. 우리는 당장 이곳을 떠나야 한다고, 그리고 암사자들이 무엇을 신경 쓰는지 멀찍이 떨어져서 지켜봐야 한다고 말이다. 손안에 든 새 한 마리가 숲속에 있는 새 두 마리보다 낫다는 속담이 있기는 하지만 이 속담을 깨뜨려야 했다. 암사자들의 행동은 앞으로 무언가 더 볼거리가 생긴다고 속삭이는 것 같았다.

떠나지 않은 암사자들

예측은 맞아떨어졌다. 얼마 떨어지지 않은 거리에서(숲속에서) 나타난 동물은 '새 두 마리'가 아니라 '수사자 두 마리'였다! 최근 산다를 몰아냈던 새로운 점령자 수컷들이었다. 하지만 산다의 암컷들은 그대로 남아 있었다. 암컷들은 기르던 새끼가 없었으므로 새끼를 보호할 필요가 없었고, 그래서 그 지역을 떠나지 않은 것 같다. (일반적으로

산다의 새끼들. 세실의 손자이기도 하다. 2016년.

암사자는 새로운 점령자 수컷으로부터 새끼를 보호하기 위해 그 지역을 뜬다.)

이제껏 암사자들은 '공식적으로' 이 수사자들을 만난 적이 없었다. 하지만 그들의 몸짓을 보건대, 두 무리는 하루 이틀 주변에 머물면서 서로를 천천히 받아들이는 것처럼 보였다. 그때 수사자 한 마리가 막 사냥한 물소 한 마리 쪽으로 암사자들을 몰았다. 그리고 죽은 물소 위에 서서 이렇게 말하는 것 같았다.

"이리 와 봐. 이거 요리할 줄 아니?"

닷새째 되는 날, 우리는 일랄라야자나무 밑에서 두 수사자가 번갈아 암사자와 교미하는 것을 보았다. 암사자에게 산다는 이미 지나간 기억이 되었을 것이다. 나는 언제쯤 새끼가 나올 수 있을까 계산하고 있었다. 사자의 영역 싸움은 본능적이다. 하지만 트로피 사냥꾼의 수사자 사냥은 이런 자연적 과정을 교란시킨다. 사냥으로 인해 일부가 죽거나 부상당하면 수사자 연합의 프라이드는 약해진다. 새로 나타난 침범꾼 사자들을 피해 도망칠 수밖에 없고, 이 과정에서 도망친 사자들은 공원 경계 구역에서 인간과 충돌을 일으킨다.

결국 우리는 산다의 위치를 알아내는 데 성공했다. 산다는 음비자(Mbiza)라고 불리는 야자나무 숲 20킬로미터 떨어진 곳에 있었다. 거기서 나는 또다시 놀라운 경험을 했다. 뜨거운 태양 아래서 어미 중 한 마리는 사냥감 위로 몰려드는 독수리들을 쫓아내고 있었다. 일곱 마리의 어린 사자 새끼들은 더웠는지 우리 차량의 그늘에 달라붙어 쉬기 시작했다. 심지어 손을 뻗어 새끼 한 마리의 머리를 살짝 만져볼 수 있을 정도였다. 그러니까 새끼들은 산다의 자식들, 세실의 손자들이었던 것이다. (산다는 2017년 7월 황게 국립 공원 북쪽 경계 구역 바깥에서 사냥되어 숨졌다. 산다는 죽기 반년 전부터 주로 국립 공원 밖에서 머물렀다고 한다. 경계 구역 밖에서 사냥은 사냥 쿼터만 있으면 불법이 아니다. — 옮긴이)

기린을 놓친 암사자, 2015년.

세실, 2015년.

에필로그

세실 이후

사자 세실에게 화살이 박힌 순간 나의 세계는 바뀌었다. 온 세계가 바뀌었다.

사자에 다가간 사냥꾼의 눈에 사자의 목에 걸린 GPS 목걸이가 보였다. 놀라 패닉에 빠진 그는 바로 짐바브웨를 빠져나가고 싶었다. 어쨌든 사냥은 끝났고 자신이 곤경에 처하리라는 것도 알았다.

전문 사냥꾼인 가이드가 그를 진정시키면서 다 괜찮을 것이라고 안심시켰다. 그리고 사자의 목에서 목걸이를 벗겨 주변 나무에 걸어놨다. 그날 오후 그 고객은 황급히 캠프를 떠나 현장에서 벗어났고, 다른 한 사람은 나무에 버려진 목걸이를 수거해 긴 도보 여행을 시작했다. 사냥꾼이 이 나라를 빠져나가는 동안 그의 임무는 목걸이를 든 채 이곳저곳 돌아다니면서 사자의 이동 경로를 가짜로 만들어 내는 것이었다. 세실이 죽고 이틀이 지난 7월 4일, 그들은 목걸이를 부쉈다. 자신들이 행한 범죄도 함께 사라지기를 희망하면서.

처음에는 사파리 운영자들 사이에서 이야기가 천천히 돌았다. 국립 공원 당국과 연구원들은 불법 사냥에 대한 정보를 될 수 있는 한 조용히 얻기 위해 뛰어다녔다. 사건에 관한 관련 정보를 빨리 공개하라는 압력이 커지고 있었다. 급기야 SNS 팔로워가 많은 한 지역 주민 여성이 "고이 잠드소서, 세실."이라는 글을 페이스북에 올리면서, 댐은 무너졌다. 세실에 대한 기사는 수 주 동안 이어졌다. 2015년 7월 29일 하루에만 1만 1888개가 올라왔다. 세실의 이야기를 역사 속 최고의 동물 이야기라고 말하는 것조차 이 사건을 과소평가하는 것이다. 세실의 이야기는 지금까지도 이어지고 있는, 누가 봐도 빛나는 스토리이다.

세실은 제리코와 아주 특별한 관계를 맺어 왔다. 그들은 연합 파트너였으면서도 서로의 일에 관여하지 않았다. 자연에서 흔치 않은 풍경이다. 세계인들의 관심이 세실에게만 가 있을 때, 우리 지역 사람들은 제리코도 이런 식으로 또 죽지 않을까 걱정하고 있었다. 제리코의 GPS 목걸이의 배터리가 얼마 전 수명이 다해 제리코를 찾기 힘든 상황이었다. 과거 사파리 차량 앞에서 의기양양하던 제리코의 모습은 온데간데 없었다. 아마도 세실이 사냥꾼에 의해 생을 다했을 때 제리

죽기 몇 주 전의 세실, 2015년.

코가 그 뒤에 있었기 때문이었을 것이다. 2주 뒤, 우리는 제리코가 세실이 죽은 곳에서 포착됐다는 전갈을 들었다. 로리와 올리버와 함께 차량을 몰고 달려갔다. 제리코가 몇 마리의 암사자와 함께 있었다. 우리 세 명은 제리코 뒤에 가만히 앉았다. 대기 온도는 시원했고 다트를 쓰기에 좋은 날씨였다. GPS 목걸이를 새것으로 교체한 뒤에야 깊은 안도의 한숨을 쉴 수 있었다.

목걸이 교체에 성공한 것은 정말로 다행이었다. 이튿날 제리코가 세실처럼 사냥꾼에게 당했다는 뉴스가 터져 나왔기 때문이다. 전 세계 미디어가 나에게 전화를 걸어 알고 있는 게 없느냐고 물어봤다. 아내를 깨우고 싶지 않아 밤늦게까지 울리는 전화를 야외 화장실에서 받았던 기억이 난다. 밤에 깨서 우는 새들의 지저귐 속에서 나는 제리코가 죽었다는 소문을 떨쳐 버릴 수 있기를 바라면서 스마트폰으로 위치 정보를 검색했다. 제리코는 정상적으로 이동하고 있었다. 적어도 위치 정보는 그렇게 보였다. 하지만 안심할 수 없었다. 세실을 죽인 뒤 사냥꾼들이 어떻게 우리를 속였는지 알기 때문이다. 이튿날 아침, 우리는 바로 제리코를 추적하기로 했다.

하라레의 정부 관료로부터 제리코 찾기가 급하다는 말도 들었다. 전 세계 각기 다른 시간대의 미디어에서 연락이 오기 때문에 그는 한밤중에도 기자들을 응대했다. 이튿날 해 뜰 녘 나는 얼룩말을 잡아먹고 있는 제리코와 그의 프라이드를 발견했다. 사진을 두 장 서둘러 찍고 가장 가까운 캠프로 가서 뉴스를 타전했다. "제리코는 무사히 살

암사자에게 구애하는 세실, 2014년.

아 있다!"

세실 사건에 대한 조사가 진행되는 동안 짐바브웨에서는 사자, 표범, 코끼리 사냥이 일시 중단됐다. 이 와중에 또 다른 미국인 의사에게 사자가 죽는 일이 발생했다. (이상하게도 황게 국립 공원 바깥에서 불법 사자 사냥이 이뤄지는 패턴이 몇 년째 계속되고 있었다.) 국제 항공사는 트로피 사냥 관련 화물 운송을 금지했고 전 세계의 입법자들은 아프리카에서 오는 트로피 사냥 결과물의 통관을 금지시키기 시작했다. 그때까지만 해도 강력한 이해 관계로 엮인 양탄자 밑에서 조용히 소거되던 이슈는 거대한 파도처럼 휘몰아쳐 우리 앞에 모습을 드러냈다.

세실이 죽기 전까지만 해도 세실과 제리코는 프라이드를 지배하는 '수컷들'이었다. 두 사자는 세 마리의 암사자와 여덟 마리의 새끼를 보호하고 있었다. 제리코는 이 새끼들의 아비가 아니었기 때문에, 세실의 죽음 이후 지역 사회나 세계 사회는 세실이 남겨두고 간 프라이드의 미래에 대해 우려했다. 다시 한 번 사자들을 뒤쫓아 사진을 찍고 세계에 알리는 게 나의 미션이 되었다.

어느 뜨거운 낮, 결국 나는 낙타가시나무 아래서 오목한 구덩이를 파고 있는 그들을 발견했다. 9월의 열기를 피해 나무 그늘에서 휴식을 취하고 있었다. 얼굴 수염의 패턴으로 개체를 식별하고 암수를 구별하기 위해 몇 시간 동안 사자 한 마리씩 사진을 찍었다. 이 결과는 수백 번 리트윗되고 공유되어 세실의 프라이드를 걱정하는 수많은 사람들의 시름을 덜어 주었다.

사자는 갑자기 뜨거운 이슈가 되었고 그들이 처한 곤경도 점차 알려지게 됐다. 나의 일은 세실의 죽음에 분노해 사자를 아끼는 사람들과 실제 사자들이 처한 곤경의 현실을 다리로 이어 주는 것이었다. 나는 미국과 남아프리카공화국, 보츠와나에 초대되어 세실에 대해 강연했고 상황이 진정되는 것을 보았다. 대부분 사람들은 사자를 좋아한다. 하지만 세실의 죽음을 두고 분노하는 이들은 종종 사자를 좋아하지 않는 사람들도 함께 산다는 사실을 잊고 만다. 사자는 소떼를 잡아먹고 학교에서 돌아오는 아이들을 공격하기도 한다. 나는 사자를 좋아하지 않는 사람들의 목소리도 중요하게 들어야 한다고 분명히 해 두고 싶다.

또한 나는 사자를 둘러싼 보전 문제에 대해 원대하면서도 간단한 최고의 답변이 있음을 안다. 과거 어느 시점에 떠올랐지만 실제 우리 시야에 잡히지 않았던, 이제 내 자신의 지식으로만 묻어 두고 싶지 않은 '세계 유산 종(World Heritage Species)' 아이디어다. 이 개념은 문화적으로 중요한 종은 따로 특별한 지위를 정해 보호하자는 것이다. 멸종을 남겨 두고 있는 종을 보호하는 데 많은 지원금이 필요할 것이다. 내가 오랜 시간 이야기해 왔지만, 사자는 확실히 세계 유산 종 개념에 가장 잘 들어맞는다. 국제적인 수준의 모금으로 사자 서식지를 보호하고 아울러 그들과 함께 사는 사람들도 도울 수 있을 것이다.

한때 내가 일했던 옥스퍼드 대학교 와일드크루는 기금 수백만 달러를 사자 보전 목적으로 모았다. 세실의 죽음으로 갑자기 장밋빛 미래가 예고된 듯했다. 내가 과거보다 더 행복해진 것처럼, 누군가 꿈을 이룬 장면을 떠올릴 수 있을 것이다. 그러나 진실은 정반대였다. 와일드크루는 모처럼 찾아온 특별한 기회를 사자를 보호하고 좀 더 많은 보전 조처를 취하는 데 이용하지 못하고 있었다. 결국 나는 와일드크루를 떠났다. 그때 같은 기회를 다시 얻지는 못할 것이다. 그래서 헛되이 보내서는 안 됐다. 와일드크루를 떠나기로 결정한 이후 일은 쉬워졌다. 나와 아내 로리는 전 세계에 소식을 전해야 하는 압박에서 벗어나 우리만의 프로젝트를 시작할 수 있었다.

우리는 소프트 풋 얼라이언스(The Soft Foot Alliance) 기금을 만들었다. 황게 국립 공원 주변에 사는 주민들의 삶과 자연 전체를 살리는 목적이다. 인간과 야생 충돌을 다루는 문제에 이를 수밖에 없겠지만 이번에는 인간의 관점을 먼저 두려고 한다. 우리 본부는 로리가 지은 소박하고 작은 지구 모양의 집이다. 그 어느 때보다 행복하다.

내가 글을 쓰는 지금 야생 동물의 이동에 관한 협약(Convention for Migratory Species of Wild Animals)에서 아프리카사자를 부속서 2에 등재하고, 형제 격인 사이테스(CITES, 멸종 위기에 처한 야생 동식물종 국제거래에 관한 협약)와 함께 아프리카의 대형 육식 동물 보전 계획을 세웠다. 사자는 여전히 뜨거운 주제다. 모두 사자 세실의 비극적인 죽음과, 그의 삶이 널리 알려진 덕택이다.

세실, 제 세상에서 평화롭게 쉬기를.

브렌트 스타펠캄프

2014년.

해제

요새 속의 사자들

"사자가 글을 쓰기 전까지 역사의 영웅은 사냥꾼으로 남을 것이다.(Gnatola ma no kpon sia, eyenabe adelan to kpo mi sena.)"라는 아프리카 속담이 있다. 짐바브웨 황게 국립 공원에서 사자 세실을 쫓아다니며 그의 삶을 대필했던 브렌트 스타펠캄프가 없었더라면, 사자 세실은 역사의 영웅이 되지 못했을 것이다.

동물은 세상을 바꾼다. 인간을 바꿔 세상을 바꾼다. 세계 최대의 해양 테마 파크 시월드 올랜도에 평생 갇혀 산 범고래 '틸리쿰'이 사람을 죽인 사건은 돌고래 쇼의 학대적 성격을 수면 위로 부상시켰다. 황게 국립 공원에서 트로피 사냥꾼에게 참수된 세실의 죽음은 서구

부호들의 트로피 사냥에 대한 경각심을 불러 일으켰다. 사건이 터져 나온 지층을 한 겹 한 겹 벗겨내면, 한 동물의 위대한 삶을 만날 수 있다. 스타펠캄프는 『세실의 전설』에서 황게 사자들의 연대와, 사자 왕국의 건립과 붕괴 그리고 개개의 파란만장한 삶을 그린다.

멸종의 나락에 빠진 사자

사자는 전통적으로 아시아사자(*Panthera leo persica*)와 아프리카사자(*Panthera leo leo*) 두 종으로 분류된다. 아시아사자는 과거 인도와 동남아시아에 널리 분포되어 있었다. 지금은 인도 기르숲에 500여 마리가 남아 있어 희귀하다. 아프리카사자는 사하라 이북을 제외한 아프리카 대륙에 흩어져 있다.

최근 계통 분류학 연구는 지역에 따른 사자 분류법을 깨뜨리고 있다. 아시아사자를 포함해 아프리카 서부, 중부, 북부의 아프리카사자를 한 종(*Panthera leo leo*)으로 묶고, 아프리카 남부와 동부의 아프리카사자를 또 다른 한 종(*Panthera leo melanochaita*)으로 분류한다. 이집트, 알제리 등의 북부 아프리카 사막 주변에 살면서 로마 검투사의 제물로 서양 문화에서 등장했던 바바리사자는 20세기 중반 멸종하여 사람들을 안타깝게 하였으나, 이 분류법에 따르면 아시아와 아프리카 서부, 중부에 있으니 멸종한 게 아니다. 사자는 지금 분류학의 불확실

초원을 순찰하는 사자 형제, 2016년.

한 터널을 지나고 있으며, 연구가 완성되는 대로 곧 정리될 참이다.

그러나 변하지 않는 사실은 사자의 개체수가 줄어든다는 점이다. 20세기 중반 연구자들은 사자 개체수를 대략 45만~50만 마리로 추정했다. 그 뒤 사자는 기하 급수적으로 줄었고 현재 개체수는 약 2만 마리로 추정된다. 1993년부터 2014년까지 21년 동안 사자의 개체수가 43퍼센트 줄었다는 연구도 있다. 이런 사실을 보고하면서 국제 자연 보전 연맹(IUCN)은 적색 목록에서 사자를 멸종 위기 취약종(VU)로 분류해 놓고 있다.

사자들은 다양한 이유로 죽는다. 사자 왕국의 인수 합병 과정에서 우두머리 수컷이 죽으면 '영아 살해'가 일어난다. 사자를 멸종의 나락으로 빠져들게 하는 가장 근본적인 원인은 갈수록 부족해지는 사자 왕국의 땅이다. 대형 고양잇과는 예민한 영역 동물이다. 스타펠캄프가 생생하게 묘사했듯, 왕국을 탈취당한 사자가 다른 왕국에 입경하려면 전쟁을 치러야 한다. 홀로 헤매고 왕국을 재건하지 못하면 인간의 마을로 흘러든다. 거기에는 사자에게 쉽지만 위험한 음식이 있다. 가축을 낚아채는 것은 목숨을 각오해야 하는 일이다. 인간은 재산을 지키려고 사자를 죽이고, 인명 피해를 입힌 사자를 처벌한다. 복수극의 빈도는 잦아진다. 인간의 왕국이 사자의 왕국을 잠식하고 있기 때문이다. 약한 사자는 강한 사자에게 공격받는 한편 사람에게도 공격받는다.

사자는 '프라이드'라는 독특한 무리를 이룬다. 프라이드는 우두머리 수사자 한 마리에 다수의 암사자들 그리고 새끼들로 구성된다. 때로 수사자 한두 마리가 끼어 있는 경우도 있지만, 기본적으로는 으뜸 수컷을 정점으로 엄격한 하렘을 이룬다. 프라이드는 자신의 영역을 수호하며, 거기 사는 물소, 얼룩말, 기린 등 사냥감을 잡아 먹는다. 각 영역을 하나의 사자 프라이드가 점령하기 때문에 수컷으로서는 새 프라이드를 세우거나 다른 프라이드를 탈취하는 게 중요하다. 수사자가 새 영역에 들어가 다른 프라이드를 공격하고 주인으로 우뚝 서면, 곧이어 영아 살해가 일어난다. 과거 프라이드의 주인이었던 수사자와 암사자에서 나온 새끼들을 모두 죽임으로써, 새로운 지도자는

사자의 하품, 2015년.

자신의 유전자를 퍼뜨릴 완벽한 장을 만들어 낸다. 사자의 역사를 쓴다면 프라이드 간의 쟁투와 인수, 합병 그리고 새로운 프라이드의 재건으로 채워질 것이다.

이런 독특한 생태는 한편으로 인간이 개입함으로써 종의 생존을 취약하게 한다. 그중에서 트로피 사냥은 죽음의 연쇄 반응을 일으키는 방아쇠다. 사냥꾼들이 가늠쇠를 겨누는 대상은 맨숭맨숭하게 생긴 암사자가 아니다. 멋진 갈기가 달린 수사자다. 사냥 뒤 수사자는 머리가 잘려 수거된다. 죽은 세실이 참수된 이유도 바로 벽에 걸면 폼 나는 트로피를 만들기 위해서다. 그러나 수사자 한 마리를 쏘면 사자

제리코의 새끼들, 2016년.

30마리의 죽음으로 이어진다는 말이 있을 정도로, 죽은 수사자가 속한 프라이드에 엄청난 후폭풍이 몰아친다. 이웃 영역의 수사자는 곧바로 무주공산을 침범해 들어오고 영아 살해로 이어진다. 암사자는 도망다니며 새끼를 살리기 위해 몸부림친다. 그러므로 트로피 사냥꾼이 겨누는 것은 수사자 한 마리가 아니다. 드러나지 않은 표적은 그 지역의 사자 사회이며, 사냥 이후 사자 사회는 혼란에 빠진다. (그런 점에서 세실의 죽음 이후 제리코의 역할은 상당히 이례적이었다.)

요새형 보전의 문제

사자 세실이 살았던 짐바브웨에서 사자 사냥은 불법이 아니다. 짐바브웨 공원 및 야생 관리부(Parks and Wildlife Management)는 매년 사냥 여행 업체들에 사냥 허가권을 경매에 붙여 판다. 업체들은 전문 사냥 가이드를 붙여 트로피 사냥 상품을 내놓는다. 가격은 수천만 원에 이른다. 사냥은 국립 공원에서는 금지되지만, 공용 사냥 구역이나 민간 사파리 등에서 허가된다. 합법적인 사냥은 거기서 이뤄진다.

이런 측면에서 사자 세실을 사냥했던 월터 파머가 억울해 했을 수도 있다. 그는 시세대로라면 약 5만 달러(우리 돈 6000만 원)를 주고 사냥 허가권을 포함한 '패키지 상품'을 구입했고 사냥 가이드인 테오 브롱크허스트가 세팅해 놓은 상황에서 화살만 쏘았을 뿐이기 때문이다. 실제로 재판 결과는 파머와 브롱크허스트가 받은 비난의 부피에 견줘 왜소하기 그지없었다. 둘은 정부로부터 적법한 사냥 허가권을 샀다고 주장했으며, 법원은 이 주장을 받아들여 브롱크허스트에 대해 무죄를 선고했다. (파머는 사냥 직후 미국으로 떠났고 기소되지 않았다.)

왜 그들은 무죄였을까? 스타펠캄프가 구체적으로 서술했듯이, 사냥이 국립 공원 밖에서 이뤄졌기 때문이다. 우리는 여기서 불편한 사실을 마주한다. 스타펠캄프가 한때 소속해 일했던 '와일드크루'의 창립자인 데이비드 맥도널드 옥스퍼드 대학교 교수에게 사자 보전 프로젝트를 제안한 이가 영국인 사냥꾼 라이오넬 레이놀스였다. 맥도널드 교수 또한 트로피 사냥을 비난하는 데에 반대한다. 그는 영국 일간지《텔레그래프》에서 이렇게 말한다.

"아프리카 일부 지역에서는 엄격하게 통제된 트로피 사냥은 사자를 보전하기 위한 최상의 방법이다."

와일드크루는 트로피 사냥을 주장하는 미국의 이익 단체 댈러스 사파리 클럽(Dallas Safari Club)에서 일부 후원을 받고 있다. 세계적인 단체 세계 야생 보전 기금(WWF)도 트로피 사냥을 명시적으로 반대하지 않는다. 이들은 트로피 사냥이 아프리카 지역 경제와 야생 보전에 도움을 준다고 생각한다. 정부는 더 나아가 토지 소유주에게 자신의 땅을 사냥할 수 있는 민간 사파리로 바꾸라고 권한다. 짐바브웨에서는 야생 동물의 경쟁자인 가축의 방목지 27만 제곱킬로미터가 민간 사파리로 바뀌었다.

현대 야생 보전 담론은 환경 관리주의에 서 있다. 동물 개개의 생명권, 고통에 대한 고려보다는 종에 대한 '선한 관리자'로서 인간을 상정한다. 사자가 멸종되지 않도록 적지 않게, 인간에게 피해를 줄 만큼 너무 많지는 않게, 그러니까 적당한 수준에서 개체수를 관리하는 것을 목표로 하며 실용주의와 사실에 기반(한다고 주장)한다. 그래서 항상 시뮬레이션을 돌려 이를테면 여의도만 한 면적에 사자가 '지속 가능하게' 서식하려면, 최소 몇 마리가 살아야 하는지를 계산한다. 거기서 한해 죽여도 되는 사자 수가 나오고, 정부가 사냥 쿼터를 결정한다. 신자유주의는 이 틈새를 비집고 들어간다. 사냥 쿼터를 포함한

세실의 암사자 놉홀레, 2015년.

트로피 사냥 패키지가 부자 나라의 거부에게 팔린다. 동물은 '살아 있는 자본'이 된다.

이 시스템에서 사자는 '요새' 안에서만 안전하다. 요새 안에서는 불가침의 멸종 위기종이지만, 요새 밖에서는 오락적 목적의 사냥감이다. 이런 지리적 분업과 경제 체제를 위해서 아프리카 주민들은 국립 공원이나 야생 보호 구역 같은 요새에서 소개되었다. 야생 동물 관광을 위해 삶터를 내준 사람들. 이들을 보전 난민(conservation refugee)라고 부른다. 국립 공원 주변에서 사자의 습격으로 가축 피해를 입는 주민들도 일종의 피해자다. 서구의 관점으로 야생 동물에게

세실 프라이드의 평온한 한때, 2015년.

복수를 하는 주민들을 무작정 '악'으로 취급하는 것은 사자와 인간의 복잡한 정치 경제적 관계를 도외시하는 시각이다.

이 책에서 줄곧 묘사하듯 야생의 땅과 인간의 땅은 두부 자르듯 나뉘지 않는다. 황게 국립 공원의 경계부를 따라가는 철길만이 요새의 안과 밖을 구분하는 왜소한 표지일 뿐이다. 사자들은 그것을 알까? 한번 총소리를 듣고 동료의 죽음을 목격한 사자는 작은 소리에 민감하게 반응한다. 특히 사냥꾼의 표적이 되는 수사자가 더 민감하다. 스타펠캄프가 묘사했듯 강한 수사자는 국립 공원 중심부에서 프라이드를 이끌지만, 약한 수사자는 국립 공원 밖으로 밀려나 가축을 습격하다 죽음을 맞이한다. 철길은 신자유주의가 그어 놓은 사자의 위계이자 죽음의 문턱인 셈이다.

이 책의 저자인 브렌트 스타펠캄프와 인연이 닿은 것은 2015년 여름 세실의 죽음이 일으킨 분노가 대륙을 건너 회오리치고 있을 때였다. 그때나 지금이나 나는 신문 기자로, 무작정 그에게 연락했다. 짐바브웨와 한국은 그다지 상관이 없어 보이지만, 사자에게는 국경이 없기에 그는 나를 통해 한국의 독자들에게 세실의 죽음과 그의 동지 제리코의 위대한 삶의 이야기를 전했다. 그는 훌륭한 사진가이자 이야기꾼이었고 무엇보다 열정적인 보전 운동가였다. 구식민지 국가의 경제적 곤란과 주민들이 자연에 갖는 양가적인 감정은 현장에서 뛰고 부딪히고 고민한 사람만이 제대로 포착할 수 있다. 그 결과로 묶여 한국에서 처음 출판되어 나온 『세실의 전설』은 지금까지 나온 세실에 관한 가장 생생한 기록일 것이다.

남종영

2015년.

추천의 말

이 책의 각 장은 개별적인 에피소드이자 서로 연관된 이야기들로, 오늘날 아프리카에서 이뤄지는 야생 보전 활동의 복잡성과 기회를 드러내고 있습니다. 브렌트의 책을 읽는 것은 그와 함께 캠프파이어를 피우고 '사자 보전'이라는 쉽지 않은 주제에 대해 밤늦도록 이야기 나누는 것 다음으로 소중한 순간입니다. 그가 포기하지 않고 헌신과 열정으로 한 길을 가는 것은 우리 모두에게 행운입니다.

브렌트와 로리 부부는 짐바브웨의 야생 동물과 사람들을 사랑하는 특별한 여정을 택했습니다. 한 폭의 서사시이자 감동적인 모험담인 『세실의 전설』은 사자나 아프리카 야생을 동경하는 사람이라면 꼭 읽어야 하는 책입니다. 아프리카의 경이로움 그 자체인 사자들을 구하는 길은 브렌트와 로리 같은 사람들의 헌신을 통해서, 그리고 아프리카 야생 동물 당국이나 야생 동물 곁에서 살아가는 지역 사회의 부단한 노력을 통해서만 가능할 것입니다.

피터 린지(Peter Lindsey, 야생 보전 네트워크 사자 복원 기금 의장)

황게 국립 공원에서 브렌트와 함께 모닥불을 피워놓고 수많은 밤을 지새웠습니다. 그는 정말 뛰어난 이야기꾼입니다. 남들이 잊어버리는 부분을 세세히 기억하고, 놓친 사건을 이끌어내는가 하면, 어떤 순간에도 유머 감각을 잃지 않습니다. 무엇보다 그의 가장 큰 능력은 회의적인 사람이라 할지라도 그가 열중하는 주제, 바로 '사자'에 몰입하게끔 하는 열정에서 나옵니다. 브렌트는 종종 자신이 사자에 중독되었다고 말을 꺼내는데, 나는 '중독'이라는 단어에 함축된 부정적 의미만 뺀다면 이 말에 전적으로 동의합니다. 그의 존재 모든 것이 사자들, 그리고 사자와 인간이 함께 살아가는 밝은 미래를 향해 있기 때문입니다.

닉 엘리엇(Dr. Nic Elliot, 케냐의 사자 보호 활동가)

세상에서 가장 치명적이고도 아름다운 피조물의 이미지로 가득한 세실의 전설은 그 자체로도 즐겁고 충분한 가치가 있지만, 이 동물들의 운명은 무겁고 비극적이다. 진정한 비극은 이 아름답고 당당한 생명체의 운명이 지구상에서 가장 우월하다고 착각하고 자만하는 종의 만행에 의해 좌지우지된다는 것이다. 과연 인류의 존재 이유는 무엇일까, 우리는 이 사자에게 세실이라는 이름을 붙일 자격이 있을까?

김현성(사진 작가, 《오보이!》 편집장)

'세실의 전설'은 추리 소설도 공포 영화도 아니다. 아프리카 남부 짐바브웨에서 트로피 사냥꾼에 희생된 사자 세실에 대한 생생한 이야기다. 저자인 브렌트 스타펠캄프는 자연 보호 운동가로서 입담 좋은 이야기꾼이 분명하다. 곁에 있으면 사자 이야기는 물론 우리가 모르는 동물의 일상을 쉽게 술술 풀어 설명해 줘 귀에 쏙쏙 들어올 것 같다. 이런 내용이 이 책에 숨어 있다.

단순히 사자 세실의 죽음을 소개하는 얕은 책으로 생각했다가는 큰 오산이다. 얼핏 봐서는 도저히 밝혀낼 수 없는 사자의 행동이 곳곳에 섬세하게 묘사되어 있다. 책을 읽은 내내 사자의 생활이 사회학적, 정치적 측면에서 인간 삶의 축소판이라는 생각이 들었다. 무엇보다 저자의 삶은 자연에서 고되고 거친데도 행복이 묻어난다. 의미 있는 인생을 살고자 하는 사람에게도 추천한다. 다 읽고 나면 가슴속에서 뭔가 꿈틀거릴지도 모른다.

사람들은 동물을 업신여기거나 사람보다 못하다고 선을 긋고 대하는 경우가 많다. 하지만 이 책에 등장하는 세실과 제리코의 행동을 보면 고정관념이 확 바뀔 것이다. 세실은 경쟁자인 제리코의 새끼들을 잘 보살폈으며, 제리코도 예상을 깨고 죽은 세실의 새끼들을 죽이지 않고 돌봤다. 보기 드문 사자의 행동이다. 동물을 보는 그릇된 선

입견을 버리게 해 줄 책이다.

월터 파머가 쏜 화살에 맞고 세실이 죽었을 때 전 세계에서 분노가 부글부글 끓어올랐다. 단지 사자 한 마리의 죽음 때문만은 아니다. 인간이 동물과 공존해야 한다는 공감대다. 사실 도시는 애당초 동물이 사는 영역인데 인간이 빼앗았다. 이 과정에서 동물이 살 곳을 잃고 멸종 위기에 처한 종이 늘어났다. 세계 곳곳에서 생물 다양성 향상을 위해 노력하고 있다. 이 책을 읽고 나면 동물의 안방을 뺏은 인간이 해야 할 일을 고민하고 행동하는 실천가가 되려고 마음을 먹는 사람이 한둘이 아닐 것 같다.

노정래(동물 행동학자, 전 서울동물원장)

사진 출처

사진 © 브렌트 스타펠캄프(Brent Stapelkamp)

앞표지, 2쪽 Glare, 2014.
뒷표지, 8쪽 One Last Sniff, 2015.
4, 133쪽 Cecil: A Few Weeks before He Died, 2015.
10쪽 A Waiting Game, 2015.
14쪽 African Game Drive, 2016.
19쪽 Like This Mum, 2015.
20쪽 Adoration, 2015.
26쪽 I Take Aim for My First Shot, 2008.
28쪽 The Kings' Head Pub, 2015.
34쪽 The Queen and Her Fly, 2014.
36쪽 Soft Eyes, 2014.
41쪽 Cattle in Their Boma, 2015.
43쪽 The Joy of Spring, 2015.
45쪽 Cheesy Grin, 2015.
46쪽 Something to Aspire to, 2014.
48쪽 Cecil Old Man Waking, 2012.
51쪽 Lion Using His Cutting Teeth, 2016.
54쪽 Cecil and Family Playing with Their Food, 2012.
56쪽 Cecil and Lioness, 2012.
59쪽 Lion Cubs Playing, 2011.
60쪽 What Would Be More African?, 2015.

65쪽 The Long Shields Chasing a Lion with Their Vuvuzelas, 2014.

67쪽 Lioness in Hwange Main Camp, 2017.

68쪽 Cattle Being Removed, 2013.

70쪽 Sisters, 2015.

76쪽 The End of the Dry Season, 2015.

78쪽 Intensity, 2015.

81쪽 One of the New Males at Backpans, 2016.

82쪽 Zebra Dinner, 2014.

85쪽 You Dare, 2016.

88쪽 Jericho, 2013.

93쪽 Telling Dad off, 2016.

96쪽 Dominance, 2015.

98쪽 Regal King Cecil, 2015.

103쪽 Distant Stare, 2015.

104쪽 Him and Her, 2012.

108쪽 Jericho, 2016.

111쪽 Jericho Pursuing a Lioness, 2011.

112쪽 Jericho Gazing over His Territory, 2015.

116쪽 Jericho Darted, 2014.

120쪽 Xanda Is Cecil's Son, 2015.

126쪽 Xanda's Cubs, 2016.

128쪽 Dinner Spoilt, 2015.

130쪽 Mirror Mirror, 2012.

135쪽 Lions Mating, 2014.

139쪽 Backlit Termites, 2015.

140쪽 Happy King, 2014.

143쪽 Brothers in Step, 2016.

145쪽 Old News, 2015.

146쪽 Jericho's New Cubs, 2016.

149쪽 Nobhuhle Cecil's Lioness, 2015.

150쪽 Cecil's Pride Safe and Sound, 2015.

152쪽 Grace, 2015.

세실의 전설

1판 1쇄 찍음 2018년 6월 25일
1판 1쇄 펴냄 2018년 7월 2일

지은이 브렌트 스타펠캄프
옮긴이 남종영
펴낸이 박상준
펴낸곳 (주)사이언스북스

출판등록 1997. 3. 24.(제16-1444호)
(06027) 서울특별시 강남구 도산대로1길 62
대표전화 515-2000 팩시밀리 515-2007
편집부 517-4263 팩시밀리 514-2329

www.sciencebooks.co.kr
ⓒ Brent Stapelkamp, 2018. Printed in Korea.

ISBN 979-11-89198-10-7 03470